城市供水水质
安全与监测技术发展

雷 萍 著

吉林科学技术出版社

图书在版编目（CIP）数据

城市供水水质安全与监测技术发展 / 雷萍著 . -- 长
春 : 吉林科学技术出版社，2022.4
ISBN 978-7-5578-9271-5

Ⅰ . ①城… Ⅱ . ①雷… Ⅲ . ①城市供水－水质监测
Ⅳ . ① TU991.21

中国版本图书馆 CIP 数据核字（2022）第 072981 号

城市供水水质安全与监测技术发展

著	雷 萍
出 版 人	宛 霞
责任编辑	王明玲
封面设计	李 宝
制 版	宝莲洪图
幅面尺寸	185mm×260mm
开 本	16
字 数	270 千字
印 张	12.25
印 数	1－1500 册
版 次	2022年4月第1版
印 次	2022年4月第1次印刷

出 版 吉林科学技术出版社
发 行 吉林科学技术出版社
地 址 长春市南关区福祉大路5788号出版大厦A座
邮 编 130118
发行部电话/传真 0431-81629529 81629530 81629531
81629532 81629533 81629534
储运部电话 0431-86059116
编辑部电话 0431-81629510
印 刷 廊坊市印艺阁数字科技有限公司

书 号 ISBN 978-7-5578-9271-5
定 价 58.00元

前　言

　　本书对造成城市供水污染的原因进行了分析，并对如何做好水质监测工作进行了总结，以提高城市供水质量，确保城市居民的用水安全。人类的发展进步与水资源息息相关，在城市供水保护工作中，水质监测工作非常重要，面对水资源污染严重的现状，水质监测工作更是维护居民切身利益、保障社会安定发展的重要前提。随着科学技术的进步，水质监测工作也有了很大发展，相关工作人员要认真研究引起水质污染的原因，制定相应的预防和处理措施。城市供水水质关系广大市民的切身利益，需要进行严格的管理与控制，但是近年来频频发生的供水污染问题给城市供水监测工作提出了更高的要求，水质监测工作也日益受到人们的关注。

　　目前很多老式建筑多采用屋顶水箱供水，由于屋顶水箱内的水停留时间较长，余氯消耗完全后微生物生长导致水质变差，尤其夏天容易产生水质不达标的问题，为此每年会定期进行清洗，节水中心每年都与相关部门配合检查相关建筑的屋顶水箱。确保各市有相应部门负责此项工作，责任到人、分区包片。对于高层及小高层建筑的二次供水设施有的属于公司，有的属于用户，产权的多元化使得其日常清洗与维护的责任不明。针对这种情况，可以内部设置专门的管理机构。对于新建的高层住宅，由开发商与公司签订二次供水设施的建设、管理和运行协议，杜绝由结构设计不合理或材料不过关带来的水质隐患；对于已有设施，产权人可以将其转交给公司统一管理维护，从而保证用户龙头水的水质。

　　水质安全管理并不是一个部门、一个环节的单独任务，而是一个系统的工程。要求供水各相关部门严格控制生产、输送的各个环节，消除隐患。在做好水源地保护工作的同时注意建设备用水源，多渠道保障供水安全；在对原水水质特点调查研究的基础上，选择合适工艺，通过加强工艺管理和工艺改造，提高出厂水质；并具备突发事件的应变能力；改进和提高供水管网建设与维护水平，及时维护二次供水设施，创新二次供水管理模式，避免水质的二次污染。饮用水安全是一个长期工程，各供水相关部门只有坚持不懈，严格执行管理上的各项措施，积极探索，才能在根本上保证水质安全。

目　录

第一章 水资源概述

第一节 水资源概况

世界水资源研究所认为，全世界有 26 个国家约 2.32 亿人口已经面临缺水问题，另有 4 亿人口用水的速度超过了水资源更新的速度，约有 1/5 人口得不到符合卫生标准的淡水，占世界 40% 的 80 多个国家在供应清洁水方面有困难，水污染致死每年约 2 500 万人，传播最广泛的疾病中 50% 都是直接或间接通过水传播的。我国作为缺水国家之一，水资源供求矛盾突出，在经济发展中先破坏后恢复、先污染后治理情况比比皆是，其重要的原因就是人们环保节能的观念、科学保护与节约用水的观念落后。因此，应加强节约用水，实现水资源可持续利用。只有处理好人与水、经济与水、社会与水、发展与水的关系，才能克服发展中的困难和与水资源环境的冲突，才可达到人与自然的和谐，才可实现人类社会的可持续发展。

一、节约用水的重要性和意义

水是基础性的自然资源，又是战略性的经济资源。水是人类社会发展不可缺少和不可替代的资源，节约用水、保护水资源具有重大战略意义。节约用水既可减少从天然水体的取水量，缓解水资源危机，又可减少供水和给水处理费用。同时还可减少排水量和废、污水处理费用。供水的增加，相应的排水量也会不断增加，污水处理费用也将增加，只有节水，显著减少城市供排水量，才能将费用降下来。不仅水资源贫乏地区要节水，水资源充足的地区也要节水。近年来，国家高度重视节水工作，已把节水工作提到一定的战略高度。2004 年 3 月 10 日，在中央人口资源环境工作座谈会上指出，"中国要积极建设节水型社会。要把节水作为一项必须长期坚持的战略方针，把节水工作贯穿于国民经济发展和群众生产生活的全过程"。这足以说明节水的重要性和意义。

二、我国水资源及其开发利用概况

（一）水资源量概况

我国多年平均水资源总量为 28 124 亿 m³，其中地表水资源量为 27 115 亿 m³，地下水资源量为 8 288 亿 m³，我国水资源总量占世界水资源总量的 8%，排世界第六，人均占有水资源量为 2 200m³，只有世界平均的 1/4，排在世界各国的第 121 位，但要维持占世界人口总数 21.5% 的人类活动，因而水资源问题十分严重，成为经济发展中的重要制约因素。按照国际公认的标准，人均水资源低于 3 000m³ 为轻度缺水，人均水资源低于 2 000m³ 为中度缺水，人均水资源低于 1 000m³ 为重度缺水，人均水资源低于 500m³ 为极度缺水。总地来看，我国属于轻度缺水，但是水资源分布不均衡，我国目前有 16 个省（区、市）人均水资源量（不包括过境水）低于重度缺水线，有 6 个省、区（宁夏、河北、山东、河南、山西、江苏）人均水资源量低于 500m³，属极度缺水。另外，我国人口、耕地和水资源分布极不均衡，北方片人口占全国的 2/5，但水资源占有量不足全国水资源总量的 1/5，南方片人口占全国的 3/5，而水资源量为全国的 4/5，北方片人均水资源拥有量为 1 127m³，仅为南方片人均的 1/3。长江以北五流域（东北诸河、滦河、淮河和山东半岛、黄河、内陆诸河）耕地面积占全国耕地面积的 3/5，是我国重要的农耕地区，但多年平均水资源总量只有 5 358 亿 m³，仅占全国水资源总量的 19%；相反，南方片耕地面积占全国 2/5，但多年平均水资源总量为 22 766 亿 m³，占全国水资源总量的 81%。此外，我国的降水在年内分配上很不均衡，多数地区在汛期 4 个月内的降水量占全年降水量的 60% ~ 80%，降雨量的集中易形成洪水，不仅无法利用，而且易形成洪涝灾害。

（二）水资源开发利用概况

以 2008 年为例，我国年用水量为 5 500 ~ 5 600m³，其中农业用水约 3 800 亿 m³，占 68.5%，工业用水约 1 150 亿 m³，占 20.7%，生活用水约 600 亿 m³，占 10.8%。从开发利用程度分析，全国水资源开发利用率达到 20%，平原区浅层地下水开采率近 100%，北方地下水已严重超采，北方各主要河流的径流利用率都超过国际上的通行标准（河流本身的开发利用率不得超过其水资源量的 40%）。从用水指标分析，全国人均用水量 430m³，万元 GDP 用水量 271m³，万元工业增加值用水量 144m³，农田灌溉平均用水量为 7 185m³/hm²，城市人均生活用水量为 90 L/d，农村生活人均用水量为 50 L/d。用水结构中，产值低的农业耗水过大，地下水开采率过高，而且多年来企业污水排放量增加，污水治理非常落后，各种原因使我国水资源形势十分严峻。

三、加强节约用水的各项措施

（一）加强政策、法规导向，促进水资源高效管理

国家和地方应抓紧研究、制定、完善各种资源节约和循环经济的法规与技术规范，特别要抓紧研究制定各项资源综合利用和废物循环利用的法规和配套政策，包括鼓励循环经济发展的财税、价格、投资、金融等配套政策，以形成比较完善的资源节约和循环经济法律法规和政策框架体系。要明确法律责任，强化法律监督，做到"有法必依、执法必严、违法必究"。制定适合该地区的水价政策和分级考评、分级成本核算体系与政策，建立统一高效的水资源管理制度，遵循"优化配置、合理利用、有效保护，安全供给、奖罚分明"的水资源管理方针。把管理重点放在人口集中、耗水量大的工厂、学校、机关、企事业单位，以及高耗水营利单位（如洗浴、游泳馆、洗车场）等；实行不同行业不同水价、不同水质不同水价以及阶梯水价等有利于水资源节约与保护的政策。在实施中应根据具体的对象、具体的环境制定法律法规和相关政策，在政府机关、企事业单位应将节水、节能、环保等具体内容指标列入单位的综合管理考评中，未达标或超标的取消相应的节能奖，并不得评选先进文明单位（个人）；对于节水等考核能落实到个人的，则应将节水与保护水环境作为考评个人素质和评选先进的重要指标之一。对于城镇居民日常生活用水，可以通过适当提高水价以及阶梯水价和分丰、枯两时水价的办法来调节人们合理用水、自觉节水的意识。

（二）加大节水宣传的力度，增强全社会爱水、节水、保护水环境的观念

节水工作涉及各个阶层、各个方面、各个领域，是备受全社会关注的大事，需要全社会共同参与。近年来尽管各级政府的相关部门在加强节水宣传方面做了很多工作，但水资源浪费现象依然普遍存在。因此，需要进一步加大宣传力度，充分利用报纸、杂志、广播、电视、互联网等一切宣传形式，广泛、深入、持久地开展节水宣传，不断提高节水宣传的质量和效果。大力宣传节水方针、政策、法规和科学节水知识，以及新的节水典型经验和节水方法。同时，要建立健全节水工作的社会监督体系，组织社会公众、新闻媒体等参与节水监督工作，对浪费水资源、破坏水环境的各种行为和现象展开批评。要最大限度地调动全民参与节水型社会建设的积极性，努力使节水工作取得实实在在的效果，要提高全社会对水资源的危机感，认识到节水的重要性、紧迫性。

（三）增加节水投入，研发应用多种节水技术、设备、设施，提高节水效果与效益

节水带有很强的公益性，应采取以政府投入为主、全社会共同负担的投资政策，研

究建立多元化、多渠道投入机制。在农业用水方面，要努力大力发展各种节水灌溉技术，改变农村落后的大水漫灌、浇灌为喷灌、管灌、滴灌、微灌，降低单位面积用水量，要提高水的利用率。在农村，特别是缺水少雨地区应在房前、屋后、田间广泛修建集雨水池，努力提高天然水的利用率，减少地下水的过度开采。在工业用水方面，组织耗水大的行业企业开展水平衡测试工作，制定合理的行业用水定额、节水标准，对企业节水实行目标管理；支持现有企业进行节水技术改造，促进废、污水的处理、回用和沿海缺水地区海水的利用，鼓励使用再生水，提高污水再生利用率；在企业中推广节水工艺、设备，降低水耗，提高水的重复利用率，降低工业产品单位耗水量。在居民日常生活用水方面，要降低供水管网漏失率，使用节水型生活用水器具，倡导一水多用，降低居民生活用水损耗，减少水的使用量，提高水的利用率；大力推动在公共建筑、宾馆、学校、居民住宅小区等建设再生水利用设施，利用再生水进行冲厕、园林小区绿化以及锅炉采暖等。

（四）加快开展全社会节水规划工作

由于各地区缺乏系统的节水规划，使节水工作的开展受到很大制约。要尽快制定全社会节水规划工作大纲和技术细则，抓紧开展全社会节水规划工作。节水规划要以区域水资源和水资源供求计划为基础，坚持政府行为与市场行为相结合、工程措施与非工程措施并重。要注重采用新技术、新方法，以提高成果科技含量，使规划具有全面性、先进性、可行性和指导性。

（五）加强水资源管理，保护改善水资源、水环境

在水资源管理中应做好以下工作：一是加强水资源论证工作，无水资源论证的项目坚决不予审批。二是完善并严格执行相关政策法规，对新建、改建、扩建的工业项目要严格按照水资源论证、取水许可审批和节水设施"三同时"管理。三是鼓励各行各业采用先进的节水技术、工艺与设备，提倡节约产业和治理、回收、利用"三废"的新理念，提高节能增效的力度。四是加大排污监管力度，严格控制"三废"的排放总量；坚持谁污染，谁治理并付费，偷排、超排从重处罚的原则。五是实施退耕还林、退牧还草政策，加强控制水土流失，建立以生态型为主的经济发展方向。六是建立保护水资源、水环境的经济补偿和奖励机制，以此增强人们保护水资源、水环境的意识。

总之，加强节约用水是人们共同的责任，要靠政府部门的有效管理与全民的共同参与，使全社会形成共识，从根本上解决节约用水的各项问题。

第二节　饮用水水源地概况

饮用水安全是公众生存及生活的必需条件，是当今社会以及未来发展的基础保障，关系我们每一个人的利益，也关系着经济和社会的稳定发展，是建设美丽中国的必然要求。因此，在我国经济高速发展的同时，我们更要关注对饮用水水源地保护，从法制、制度、机制、技术等方面对水源污染进行严格管控，坚决整治对饮用水水源地构成环境安全隐患的工业、企业，同时，加强公众对水资源的保护意识。

地球自然资源中，饮用水是十分重要的一部分，人类、动植物的生存和发展离不开水资源，特别是饮用水源，饮用水水源的安全关系所有公众的健康和发展。随着工业发展和人口增长，工业污染、生活污染大量产生，使得饮用水水源受到严重的威胁，因此，社会各界应重视对饮用水水源地保护。本节从饮用水水源地保护的发展历程、现状问题以及相关建议等方面进行分析，为我国饮用水水源地保护工作建言献策。

一、饮用水水源地保护工作的发展历程

(一)20 世纪 70 年代到 90 年代

我国饮用水水源保护始于 20 世纪 70 年代。1973 年，第一次全国环境保护会议《关于保护和改善环境的若干规定》中规定："供人饮用的水源和风景游览区，必须保持水质清洁，严禁污染。"1984 年颁布的《水污染防治法》中，第十二条、第十九条以及第三十六条对保护饮用水水源提出明确规定。1989 年，原国家环保局开展全国环境保护重点城市饮用水水源保护情况调查，并联合多个部委颁布了《饮用水水源保护区污染防治管理规定》。两者分别对地表水和地下水水源保护区的规划、防护做出规定，划分饮用水水源保护区 5716 个，饮用水水源地 3100 个。1992 年，原国家环保局颁布了《饮用水水源保护区划分技术纲要》，各地方人民政府据此制定了饮用水水源保护规划及本地区饮用水水源保护条例或规定、办法，并建立城市饮用水水源保护目标责任制和定量考核管理办法，加强对饮用水水源的管理。

(二)2000 年以后

进入新时代后，修订后的《水污染防治法》提出要保障饮用水安全，优先保护饮用水水源。2015 年实施的《水污染防治计划》提出，从水源到水龙头全过程监管饮用水安全。到 2020 年，地级及以上城市集中式饮用水水源水质达到或优于Ⅲ类的比例总体

要高于93%。国家环境行政主管部门将饮用水水源保护作为全国环保专项行动执法检查的重点，其中，2008年出动环境执法人员35万人次，检查集中式饮用水水源地1.5万个，取缔、关闭违法排污口及建设项目845个；2016年开展长江经济带沿江饮用水水源地环保执法专项行动，完成11省（区、市）126个地级及以上城市的319个集中式饮用水水源保护区划定；2018年开展水源地保护攻坚战，并分两轮对全国31个省（区、市）开展集中式饮用水水源地环境保护督查，覆盖全国31个省（区、市），对1586个水源地6251个问题进行整改，完成率达99.9%，搬迁治理3740家工业企业，关闭取缔1883个排污口和2070家规模化畜禽养殖，5.5亿居民的饮用水安全保障得到提升。

二、饮用水水源地现状以及存在的问题

我国饮用水资源总量丰富，但人均水资源很少，水资源匮乏，且全国范围内饮用水资源分布很不均匀，长江以南地区拥有全国4/5的水量，但其面积只占全国面积的1/3，而北方地区却只拥有不足1/5的水量，尤其是西北内陆，水资源量只有全国的4.6%。此外，随着经济发展的不断加快，工业化的迅速发展，工业废水、生活污水排放量不断增加，导致饮用水水源地污染严重。因此，如何进行饮用水水源地保护是当今社会各界普遍关心的问题。近年来，随着《水污染防治行动计划》的深入推进，我国饮用水水源环境保护工作取得积极进展，根据监测结果，2018年，在全国监测的337个地级及以上城市的906个在用集中式生活饮用水水源监测断面中，814个全年均达标，占89.8%。其中地表水水源监测断面（点位）577个，534个全年均达标，占92.5%；地下水水源监测断面（点位）329个，280个全年均达标，占85.1%。

但我国饮用水水源地总体形势依然严峻，目前，还存在缺少饮用水水源保护专项法律法规、一些地区饮用水水源地保护区存在划定不清、边界不明、违法问题多、环境风险隐患突出以及对违法问题整治滞后、公众缺乏保护饮用水水源知识和途径等问题。

三、饮用水水源地保护工作的建议

一是在立法方面，完善饮用水水源保护地专项法律法规。建立健全保护饮用水水源地的法律法规是实现饮用水水源保护的法律依据和重要保障，也是实现饮用水水源保护目标的重要举措。目前，《中华人民共和国环境保护法》《中华人民共和国水污染防治法》《中华人民共和国水法》《中华人民共和国城市供水条例》《生活饮用水卫生监督管理办法》等现行法律法规关注了水源保护、水量保障、卫生要求等饮用水安全保障，但缺乏饮用水安全保障专项立法，建议在立法层面，尽快制定饮用水安全保障方面的专项法律

法规，用法制的方式确定饮用水水源地保护具体要求，保证水源地保护工作有章可循、有法可依，全面提升饮用水安全保障。

二是在制度方面，加强饮用水水源保护区规范化建设。目前，我国一些地区饮用水水源保护区还存在划定不清、边界不明的问题，有的地方饮用水水源保护区划定偏小，无法有效保护水源水质；有的地方饮用水水源保护区划定较大，使得对水源地保护的监督管理缺乏可操作性。因此，划定饮用水水源保护区范围，在饮用水水源地保护区边界设立明确的地理界标和明显的警示标识是进行饮用水水源保护的基础。建议各地政府将划定饮用水水源保护区以及设立保护区边界标识工作形成制度规定，纳入各地政府环境保护目标责任制考核内容和年度工作规划，严格按照相关法规和技术标准，科学合理地划定饮用水水源保护区范围，保证饮用水水源水质的保护工作落到实处，具有可操作性。

三是在执法方面，持续加大对饮用水保护区的执法力度，建立健全长效机制。完成饮用水水源保护区划定后，对保护区的监督管理是坚守饮用水水源保护红线的重要保障。2018 年开展的两轮全国集中式饮用水水源地环境保护督查覆盖全国 31 个省（区、市），发现问题 6251 个，搬迁治理 3740 家工业企业，这也说明整体上我国饮用水水源地存在问题较多，水源区违规违法企业数量较多，执法检查是守住饮用水水源地红线的一项强有力的措施。因此，建议针对相关饮用水水源地专项督查建立长效机制，巩固好的经验做法，在以后的工作中定期开展覆盖全国的执法检查，重点检查饮用水水源一、二级保护区内是否存在排污口、违法建设项目等问题，严肃整治违法违规企业，坚决杜绝建设有污染、破坏生态环境、有重大环境风险等法律法规不允许的项目，坚守饮用水水源地保护红线，保障公众饮用水安全。

四是在技术方面，加强源头控制。我国多数饮用水水源地的污染来自农业污染、畜禽养殖废水、生活污水等排放，除上述对饮用水水源地违法、违规企业的整治以外，还应从源头采取措施，避免污染水源地污染物的产生。因此，建议提高相关企业的污水处理技术，或采用生态经济、循环经济等新型发展方式，在发展经济的同时，减少污染物的产生。从根本上减少畜禽养殖废水或生活污水等污染源的产生，进而在源头减少污染源，避免污染物进入饮用水水源地。

五是加强饮用水水源地信息公开，拓宽公众参与途径。目前，我国更多的是应用法律、行政的方式开展饮用水水源地保护工作，公众参与的作用有待加强。饮用水安全与公众的生产、生活息息相关，也是水源地保护的最大群体，建议在饮用水水源地保护工作中充分发挥公众参与的积极性。一方面，定期公开饮用水水源地水质监测信息，采用电视、报刊、网络等多种途径公开水质监测信息，方便公众获得，保障公众的知情权和监督权；另一方面，从多层次提高公众保护饮用水水源地的意识，拓宽公众参与的方式、方法和渠道，鼓励公众以实际行动参与到饮用水水源地保护中，对当地水源地开发进行监督，建立公众广泛参与的格局。

第三节　水环境问题

只注重经济而忽略环境的政策导向的偏差，使粗放式的经济发展与区域水环境容量不匹配，造成水体污染、水环境恶化、水资源短缺等问题。通过对局部污染水体进行稀释和冲刷，对受污染湖泊水库抽取深层水进行处理，对受污染湖泊水库进行水动力循环，将受污水体的污染底泥进行疏浚，对水体进行科学合理的生态控制，以减少外源污染，是对受污水体进行水环境修复的有效手段。

一、我国水环境问题

随着经济社会的快速发展，我国水环境面临着水体污染、水资源短缺和洪涝灾害等多方面问题。水体污染加剧了水资源短缺，水生态环境破坏促使洪涝灾害频发。河流以有机污染为主，主要污染物是氨氮、生化需氧量、高锰酸盐指数和挥发酚等；湖泊水库以富营养化为特征，主要污染指标为总磷、总氮、化学需氧量和高锰酸盐指数等。

为了更好地保护水资源，实现水资源可持续利用，实现社会利益、经济利益、生态利益协调发展，进一步推动地方经济社会的发展，对水库水环境保护的研究显得非常迫切。

二、水环境问题的影响因素

（一）水环境问题产生的原因

我国水环境问题产生的原因是多方面的，但主要是人类主观因素的影响。

长期以来，我国经济增长方式粗放，企业单纯追求经济效益，忽视环境效益和生态效益。工农业发展中，水消耗量大、利用率低。

水环境问题严重的另一个重要原因，是国家政策导向的偏差。长期以来，国民经济和社会发展注重经济增长速度、主要产品产量、城镇居民收入增长等指标，没有把资源消耗和环境代价纳入经济核算体系。我国一度"遍地开花"的小企业，布局分散，规模不经济，生产工艺落后，造成了严重的环境污染和生态破坏。

区域经济发展和区域环境容量不相适应，也是造成水环境污染的重要原因。我国主要江河出现的流域性严重水污染，在很大程度上与流域产业结构和布局不合理有直接关系。由于缺乏科学认证和科学管理，一些缺水地区盲目发展高耗水型工业，造成地下水位下降；一些资源丰富的地区只发展单一的资源型产业，不发展与之相配套的加工业，产业结构雷同，形成严重的结构型污染。

（二）主要污染源

工业废水是目前水体的主要污染源，它的特点是水量大、含污染物物质多、成分复杂，有些废水中含有有毒有害物质。不同工业废水在水质特征、排放量、排放规律等方面存在较大差异，对水体污染程度也各不相同。

生活污水也是水环境污染的一个重要污染源。生活污水数量、成分、污染物程度与居民的生活习惯、生活水平和用水量有关，不同区域的生活污水量和生活污水污染浓度往往呈现不同的特征，城镇生活污水与农村生活污水排放也有较大差别。总体而言，一定区域的生活污水水质比较稳定，有机物和氮磷等营养物质含量较高，一般不含有毒有害物质，生活污水中还有大量的合成洗涤剂以及细菌、病毒、寄生虫卵等等。

初期雨水是城市水环境污染的重要污染源之一。由于汽车交通、工业生产废气排放、生活废弃物等，城市大气及城市路面积累了大量污染物，这些污染物随初期雨水冲刷进入河道水环境，对水环境造成污染。随着降雨持续，污染物逐渐减少，后期雨水污染物浓度一般较低。

农田径流是农村水环境污染的重要原因，由于经济发展需要，为追求高效高产农业，一些农田往往过量施肥以保持较高肥力，溶解化肥随雨水及地下水进入河道、水库、湖泊，化肥中含有的大量氮、磷等营养物质，造成了水体的富营养化。农田施用农药也会随雨水进入水环境，造成水体污染。

三、水环境修复技术

（一）稀释和冲刷

稀释和冲刷是一种常用的水环境修复技术。采用引清冲污，对局部水污染严重水体进行稀释、冲刷，可以有效减少污染物的浓度和负荷，可以减少水体中藻类的浓度，可以促进水的混合，稀释有害物质，使水体利于水生态系统修复、稳定。实际上，稀释和冲刷相当于一个流动或者连续的培养系统。当含低浓度营养元素的水被注入系统中时，导致系统营养物质浓度降低，相应的有害物质浓度降低，细菌、藻类、原生动物等对水体污染物有降解作用的微生物群落得以生长、繁殖，加快污染物的降解和生物转化。另外，物理冲刷和稀释作用也使得水体里的污染物和沉积物更快地被置换出来。在高速稀释或者冲刷过程中，污染物质向底泥沉积的比例会减小，从而减少污染物累积。

（二）深层水抽取技术

对于湖泊、水库等准静态水体，水体质量的恶化一般从深层水开始。将深层水抽出一部分并进行一定程度的处理，是一种可供选择的水环境修复技术。通过深层水抽取处理，深层水停留时间缩短，深层水转为厌氧状态的机会就会减小，因此，减小了底泥中富营养物质和重金属离子的释放速率，减小了对鱼类等水生物的不利影响，也减小了污染物质或者富营养元素向表层水的扩散传输。

（三）水动力循环技术

对于湖泊、水库等准静态水体，可以通过泵、射流或者曝气，防止水体分层或者破坏已经形成的分层，促进水体循环，增加溶解氧，使污染物质氧化降解加快，改善水体生物的生存环境。同时，加快氨氮的氧化，使其转化为硝酸盐态氮，也可以促进一些金属离子（如亚铁和锰）的氧化和沉淀，降低其浓度。此外，部分表层藻类被带到比较暗的深层，限制了藻类的增殖生长，减少产生蓝藻水华的概率。

（四）底泥疏浚

底泥疏浚是修复江河、湖泊、水库的一项有效技术。底泥是水体内污染源，有大量污染物质积累在底泥中，包括营养盐、难降解有毒有害有机物、重金属离子等。在一定条件下，这些有害物质会释放进入水体，影响水体生物或者通过食物链积累在生物体内，典型的例子有汞的污染和转化和生物累积。在浅水湖泊水库中，底泥中的富营养元素很容易释放进入表层水体，导致水体水质急剧恶化，在春夏交替的季节更为容易。通过疏浚底泥能够彻底去除积累在其中的有毒有害物质。但在疏浚底泥过程中，需要防止底泥泛起，导致有毒有害物质进入水体，并且要注意底泥的合理处置，防止二次污染。

（五）生态控制技术

生态控制技术是利用水生生物之间的生态关系，将水生生物数量控制在一定范围内，这种技术成本较低，而且有比较持久的效果。

经常采用的生态控制技术包括种植高等水生植物，放养鱼类，投放微型浮游动物，投加细菌微生物等。种植高等水生植物能够有效地吸收水中的氮磷等污染物质，抑制藻类的繁殖，减少水华风险。常见的植物包括芦苇、凤眼莲、水花生、满江红等。采用水生植物方法必须及时收割水生植物，通过收割，去除多余或者不需要的水生植物，消除水生植物可能对环境产生的不利影响。适当放养经过选择的鱼类，可以有效控制藻类和其他水生植物繁殖。微型动物直接以藻类为食，通过投放微型浮游动物，能够抑制藻类疯长，减小产生水华的风险。通过投放细菌等微生物，能够迅速吸收和转化水体中高浓度的污染物质，促进污染物质生物降解。

（六）河岸生物隔离带

在河流岸边设置隔离区、岸边湿地或者河岸走廊，也是水环境修复的一种有效技术。河岸植被覆盖地表，可以避免地表因土壤溅蚀、冲刷而水土流失。可以减缓雨水流速，使雨水向地下渗透，降低径流，降低洪水危害。河岸隔离带生物还可以截留、吸附、吸收部分雨水冲刷携带的污染物，对截留农业面源及城市地表初期雨水面源污染有重要作用。河岸缓冲带可以通过吸附、渗透和微生物降解来减少由农田流失到河流的杀虫剂总量；通过植物的吸收利用和土壤微生物的反硝化作用可以减小流失到河流的氮；一般来说，增加缓冲带的宽度也能吸收更多的含磷微粒，有学者研究表明，3 ~ 5m 宽的缓冲带能够拦截 50% ~ 80% 的污染物。

（七）控制外源污染

控制外源性负荷是改善湖泊水库富营养化状态的根本途径。在工业方面，主要途径是清洁生产，节约原材料，淘汰有毒有害原材料，减少废弃物中有毒有害的物质，尽可能对废弃物进行重复利用，对排放的污水进行处理。在农业方面，主要途径是退耕还林还草，精准施肥，采用长效肥，发展生态农业等，减少农药、化肥流失。在生活消费方面，是改变消费习惯，如采用无磷洗涤剂等。

随着经济发展，我国水环境问题日益严重，已成为我国经济发展、和谐社会建设的制约因素，对水环境整治和修复非常迫切。通过对局部污染水体进行稀释和冲刷，对受污染湖泊水库抽取深层水进行处理，对受污染湖泊水库进行水动力循环，对受污水体的污染底泥进行疏浚，对水体进行科学合理的生态控制，在河流两岸设置生物隔离带，通过清洁生产、生态农业、改变日常生活消费习惯减少外源污染等是进行水环境保护和修复的有效手段和技术措施。

第二章　水文资源

第一节　气候变化对水文资源影响

随着经济的发展和工业化进程的增长，气候变化成为21世纪最重要的环境问题，引起国际社会和人们的普遍关注。大气中温室气体的增加对全球范围的温度造成了影响，致使部分地区洪灾、旱灾现象严重，对水文资源造成了重大影响。本节介绍了气候变化对水文资源的影响，呼吁人们关注环境问题，并对水资源的发展和研究趋势提出了思考。

随着工业的发展、能源的利用，温室气体的增加，全球气温逐渐增长。有资料显示，工业的发展带来全球气温的升高，在20世纪平均升温0.6℃，到21世纪末，已经升温了1.1℃。气候的变化直接改变了水文循环的状况，使全球水资源产生新的调配，使到区域降水、径流、土壤湿度发生变化，产生无法估量的经济损失。气候变化已对人类生活造成重大影响，成为全球范围内普遍关注和研究的环境问题，当前，人们在气候变化对水文资源影响的研究方面已取得了一定进展。

一、气候变化对水文循环的影响

水文循环是生态系统中气候环境的组成部分，气候变化对其有一定的制约作用，反过来，它也会对气候产生影响。气候变化了，水文循环也会有所改变。气候变化确定了水文循环的环境背景，如日照、降水、温度、湿度等环境因子多重影响、综合作用，对水文循环形成复杂、深层次的影响。在区域环境中，区域的气候条件决定了其中的水文循环。降水是气候环境变化中最主要的影响因素，此外，气候因子可以通过土壤里的水分同空气中的能量、水分进行交换，光照、风力、气温使土壤中的水分蒸发，间接地影响水文循环。

二、气候变化对水文资源径流的影响

水资源径流主要受地理位置和降水环境的影响，气候的影响也很大，气候变化，各地水资源的正常径流量也会发生变化。

（一）对径流分布区域的影响

我国各地气候差异比较显著，各地区水资源径流量也有很大差异。通常，径流量产生最大增减幅度是在当年气温明显升高，降水持续减少的时期，个别情况下，增多时的径流量是减少时期的 4 倍；每年的汛期，即 6 月、7 月、8 月、9 月这 4 个月是径流量涨幅最大的时期。气候相对湿润的地区，气候变化对径流量的影响不是很大，而干旱或半干旱区域，气候因素成为决定径流量的关键因素。故气候变化会对径流量的区域分配产生影响。

（二）年径流量变化的影响

随着气候的变化，我国南北方的年径流量会发生变化。通常，南方径流量的增减与北方径流量的增减是交替进行的，近年来，整体趋势偏于减少。其中，辽河流域径流量增幅最大，黄河流域降水量偏少，径流量逐步减少；我国西北地区地势较高，河流的水源大部分是来自冰川消融的补给，随着全球气温变暖，冰川融化进度加快，夏季流域内径流量增幅加剧，而在枯水期，河流干竭迅速，所以，气候变化增加了水文水资源的敏感度。

（三）对径流量系数的影响

受各地不同气候环境的影响，气候条件的变化使水文水资源径流量的系数发生相应的变化，当某地的径流量系数升高，则该区域的气候湿润指数上升，该地区的水文状况更趋湿润；相反，径流量系数减少时，该区域的干旱状态会持续，水文状况也会变干。

三、气候变化对水文水资源系统的影响

气候变化不仅受到自然条件的限制，人为因素也使其产生相应的影响。近年来，随着全球二氧化碳以及污染气体排放量的增加，全球的气候开始变暖，对人类的生态环境造成了一系列的破坏，同时，对区域的水文水资源系统也造成了沉重影响。影响水文水资源的质量。气候变暖，空气温度会随着增高，河水对污染物的分解力度降低了，水文水质量也降低了；旱涝灾害的发生率也大幅提高，农业生产会受到影响，对人们的生产生活也产生不利影响。全球气候的变化使大气环流发生改变，对区域内的降水造成了影

响。对于经济增长迅速的区域，工农业生产都有极高的水资源需求；同时，气候变暖使各地区的降水量极不平衡，水资源蒸发现象普遍增加，降水量减少更使水资源缺乏供给，不仅给人们的正常生产生活带来了不利的因素，同时也对当地的经济发展起到了制约和阻碍作用。对于降水量比较少的区域，不利的情况会更趋严重。因此，气候变化对用水供给的影响超过了降水的作用，在发展经济的同时，一定要关注环境保护，维护人类的生存环境。影响区域敏感性。在全球气候变暖的条件下，我国主要流域的径流量都随之发生了变化，区域敏感性也受到影响。在湿润地区，河流径流量对气候变化有很强的敏感性，影响当地区域的干湿程度；而在干旱区域，敏感性略差些。

四、气候变化对我国水文水资源的影响

近年来，人们对气候变化危害的认识逐步提高，更加关注对我国水文水资源的影响。一方面，气候变化首先影响到我国的降水分布和总量。我国西部降水总量逐步增加，西北增多西南减少。东部地区降水量变化很大，部分区域出现明显增多或下降的趋势。而在降水频率上，西部和东部部分地区增加，其他地区相对减少。降水量的增加并不能说明可利用的水资源也增加，这是因为，由于气候变暖，蒸发量增加，地表径流减少，大部分的降水随着植物蒸腾和蒸发掉了，水资源没有得到有效利用。同时，人类可以利用的河流径流受到影响，其渗透量减少了。另一方面，气候变化造成我国冰川退化、冰雪覆盖量大幅减少，导致我国境内以冰川为供给的河流径流开始减少。随着我国降水量的强度和频率受到影响，水循环系统遭到破坏，发生水灾的强度和频率也增加了，同时引发更多的自然灾害，如泥石流、滑坡等，森林、湿地、草原等生态系统的稳定性也会受到影响。随着温度的升高，水的蒸发量增大，径流量持续减少，导致河流污染状况严重，污染物分解速度也加快，严重影响了我国水资源的总体质量。

五、气候变化背景下水文水资源的工作方向

在全球气候变暖的背景下，我国水文水资源的工作发展应有个清醒的认识。首先应正确判断我国水文水资源的实际状况。从近年来不断增加的水灾害现象可以说明，我国水资源对气候变化比较敏感，也说明我国水资源在气候变化面前适应能力较差，当出现洪涝灾害、干旱和水资源短缺等现象时不能自我调节、缓释。因此，水文水资源工作应捕捉到这一信息，认识到其适应较差、脆弱性强的事实。找准改变这一事实的努力方向是第二个工作。通过加快当前的水利工程建设、建立水资源管理机制、有效利用当代经济发展和科技力量的因素，增强水资源对气候变化的适应性。从拓宽对当前水文水资源

的认识着手，监察水文水资源在气候变化下的具体变化，有数据依据、有科学分析地开展各项具体工作，通过加大研究水文水资源的力度和深度，形成科学理论和研究技术的突破，造就更加成熟的科学评价和有效预测管理机制。在规划工程建设的过程中，及时掌握可能面对的困难和问题，如极端气候的影响、破坏性防治的治理，加强区域内水库、蓄洪区等水利工程的防洪管理，提高供水能力。建立完善一系列的法规制度，加强环境的可持续管理，使用法律手段提升管理水平，维护工作质量。加大科研力量和设备经费的投入，全面提高水资源的使用效率，杜绝浪费现象，改善气候变化对水文水资源工作造成的窘迫局面。

全球气候的变化对我国的水文水资源产生的一系列影响，导致水资源在全球范围内重新分布，水资源的总量也发生变化，进而影响到我们的生态环境、经济发展和人类生存。关注气候变化，为环境保护、生态稳定做出一份努力是每一个公民应尽的义务和责任。积极探究气候变化对水文水资源的影响，探索水文水资源发展的自然规律，有助于我们更好地保护生态平衡，与自然和谐相处。

第二节　水文与新时代水资源

中国是一个用水大国，虽然水资源总量丰富，但是由于人口基数庞大，导致"僧多粥少""旱涝不均"的局面。在新的历史时期，中国治水的主要矛盾已经发生变化，如何合理地开发利用和管理保护水资源，已经不能仅仅依靠规章制度和人力管理，更多地需要科学的技术支撑和完善的信息化手段。因此，水文在解决新时代水资源问题中发挥的作用必不可少。

中国是一个人多水少，水资源地理位置分布不均的国家，其降水量从东南沿海向西北内陆递减，呈现"五多五少"的特点。我国虽然水资源总量丰富，但是人均占有量少，且在地区上分布不均，年内、年际变化大，与耕地、人口的分布不相匹配。我国水资源总量位居全球第 6 位，人均水资源占有量却仅为世界平均的 1/4，排世界第 110 位，被联合国列为水资源脆弱国家行列。

合理地开发、节约和保护水资源，实现水资源的可持续利用发展，是国民经济和社会发展的需要，也是解决我国新时代水问题的迫切要求。

一、我国新时代水资源问题分析

当前，我国治水的主要矛盾已经从人民群众对除水害兴水利的需求与水利工程能力不足的矛盾，转变为人民群众对水资源、水生态、水环境的需求与水利行业监管能力不足的矛盾。如今，在一代又一代人的共同努力下，我国兴建了一批重大水利工程，包括三峡工程、南水北调工程、丹江口水利枢纽工程、白鹤滩水电站、溪洛渡水电站等，不仅极大地解决了曾经"除水害、兴水利"的需求，而且建成了全世界最大装机容量的水力发电站，实现了四大江河之间"四横三纵"的总体布局，并完成了国家"西电东送"骨干工程。

如今，新水问题常态化、显性化成为新时代治水的主要矛盾和矛盾的主要方面。老水问题将长期化，并伴有突发性、反常性、不确定性等特点，对人民群众的生命财产安全具有直接、重大威胁。如何准确把握新的治水矛盾，合理开发利用水资源，实现水资源可持续发展，是当前我们面临的一项重要任务。

二、我国水文工作与水资源管理的关系

水文是为解决国民经济建设和社会经济发展中的水问题提供科学决策的依据，为合理开发利用和管理水资源、防治水旱灾害、保护水环境和生态建设等提供全面服务的一项工作。在新的历史时期，水文工作取得了水利部、各级政府和有关部门的多方关注和重视。机构改革之后，水利部下设水文司，为水利防汛抗旱等工作发挥尖兵和耳目的作用。

当前，我国区域人口增长、社会经济发展使得水资源供需矛盾成为全国性的普遍问题。中国作为发展中国家，水资源开发利用和管理存在着许多问题，诸如水资源短缺对策、水资源持续利用、水资源合理配置、水灾害防治以及水污染治理、水生态环境功能恢复及保护等目前已成为亟待研究和解决的问题。而水文对水资源的开发、管理、节约、利用、保护的积极作用已经越来越明显，是解决水资源问题不可缺少的重要力量。

三、水文对解决新时代水资源问题的重要性

（一）在水资源工作中发挥基础性作用

（1）提供科学决策依据，在防汛抗旱工作中发挥积极作用。水文部门及时提供雨情、水情、墒情等信息，提前进行准确预报，为防汛抗旱的科学调度决策发挥了重要作用，保障了人民生命和财产的安全，从而有效遏制了水资源流失、水旱灾害的发生。水文是防汛抗旱的尖兵和耳目，其中水情部门更是防汛工作的"情报部"和"参谋部"，水文

工作的多样性奠定了其在水资源工作中的基础性作用。

（2）提供新的服务，对水土保持监测和分析工作做出贡献。我国是世界上水土流失最严重的国家之一，及时准确地了解水土流失程度和生态环境状况十分关键，水文部门积极开展水土保持监测和分析工作，对预防水土流失、保护水资源具有重要意义。按照"节水优先、空间均衡、系统治理、两手发力"的治水新思路，水文的服务领域得到进一步拓展，水文的基础性服务作用更加突出。

（3）发挥自身优势，在应对突发性水事件中起到的作用越来越大。我国突发性的山洪灾害和水污染事件频繁发生，造成的水资源损失和社会影响也越来越大。针对紧急情况，水文部门能利用自身优势快速反应，全国共有34个地（市）级水文机构实行了省级水文行政主管部门与地（市）政府双重管理，40个县（市）级水文机构实现了地（市）水文机构与县级政府的双重管理，当遇到突发性水事件时，能第一时间开展山洪调查和水体监测并提供数据以供上级决策，加强了调查结果的可靠性，对灾害的定性起到了关键作用。

（二）在解决水资源问题上提供技术支撑

近年来，我国水文行业发展良好，各级政府及上级领导对水文工作者在基层的付出和贡献给予了充分肯定，各地通过多种渠道加大了对水文事业的资金和人员投入，极大地推动了水文行业的技术进步和人才培养。

我国的水文事业在水文站网规划布设、水文测验、水文情报预报、水文分析计算、水资源调查评价、水文科学研究等方面取得了巨大成就，为历年防汛抗旱、水工程规划设计及运行、水资源开发利用及管理、水环境保护和生态修复等关乎国民经济建设和社会发展的工作发挥了巨大的作用。

随着水资源管理的任务越来越重，水资源问题日益突出，水文部门的作用也越来越明显。为了有效保护水资源，实现水资源的可持续利用发展，水文部门应积极做好对水功能区的监测，开展水文勘测、水权转换研究、水平衡测试、水量水质综合评价试点、水资源论证和防洪评价等工作，为江河治理和水资源可持续开发利用提供技术支撑。

四、水文对解决新时代水资源问题的对策

加大水文信息化建设人才培养。水文水资源是社会经济发展的关键构成部分，信息系统获得的广泛利用，从本质上提升了水文水资源发展水平及管理效率。水利信息化建设关系着我国水利事业的长远发展，有利于解决新时代水资源问题，只有拥有专业化、精细化、统筹化能力的优秀人才，才能挑起信息化建设的"大梁"。然而，目前我国信

息化建设水平明显不足，与发达国家先进的信息化建设模式和较快的发展速度相比，呈现出起步晚、专家少、底子薄等特点，其中信息化人才培养模式不完善，直接导致信息化人才匮乏，是制约我国信息化发展的主要因素。

当前我国信息化建设既需要"引进好人才"，也要"出去看世界"，在引进高级信息技术人才的基础上，铺设利用现有信息化网站，选拔技术落后区域的水利单位优秀员工跟随引进的好人才进行培训、学习；对于已经具有某方面专业技术的人员，不可"捡了芝麻丢了西瓜"，要在打好本职业务技能底子的基础上，循序渐进地学习新的信息化知识，力求保证人才不流失、老手带新手、先进的帮扶落后的。

完善水文站网建设。我国的水文站网密度较低，且低于世界平均水平，仅为北美、欧洲的1/2左右。水文站网的发展关系着水资源工作开展的难易程度，并与当地经济水平呈正相关。我国的水文站网大多年代久远，从20世纪50—70年代沿用至今，并且受到当时工程技术水平和人员思想意识的限制，当初设站的目的主要是为水利工程建设和大江大河防汛服务，在水资源配置、管理、利用、开发、保护上的功效明显不足，不能对解决新时期的水资源问题发挥显著效益。因此，加强水文监测站网建设，并推进水资源监控管理系统、水库大坝安全监测监督平台、山洪灾害监测预警系统、水利信息网络安全等方面的建设工作，推动建立水利遥感和视频综合监测网，以基础设施和技术支撑推动水文行业的发展，从而加强水资源配置管理，解决新时期水资源问题。

加大水文行业监管力度。当前我国综合国力显著增强，人民生活水平不断提高，对美好生活的向往更加强烈、需求更加多元，已经从低层次上"有没有"的问题，转向了高层次上"好不好"的问题。就水利而言，过去人们的需求主要集中在防洪、饮水、灌溉，现阶段人们对优质水资源、健康水生态、宜居水环境的需求更加迫切。相较于人民群众对水利新的更高需求，水利事业发展还存在不平衡、不充分的问题。水文行业应严格遵守习近平总书记"既要绿水青山，也要金山银山。宁要绿水青山，不要金山银山"的指导思想，要认识到"绿水青山就是金山银山"。

要加强对水资源的监管、水文工程的监管、水土保持的监管、水文资金的监管、行政事务工作的监管等，并从法制、体制、机制入手，围绕节约用水、河湖管理、小水库安全度汛、水生态环境保护、农村饮水安全巩固提升和运行管护、水利脱贫等方面加强监管，集中力量打好攻坚战。

其中，要重点加强水文行业监管力度，在水质监测、江河湖库监测上做到全面监管、严肃追责，压实河长湖长方体责任，建章立制、科学施策、靶向治理，对于水污染、过度开发、围垦湖泊等问题进行严厉打击。全面监管"盛水的盆"和"盆里的水"，既要管好河道湖泊空间及其水域岸线，也要管好河道湖泊中的水体。以"清四乱"为重点，打造基本干净、整洁的河湖，为维护河湖健康生命、保障水资源的可持续利用发展提供全面的保障。

第三节　水资源配置下的河流生态水

为促进区域内水资源可持续利用，对河流生态水文演化展开分析，提升水资源配置的合理性显得尤为重要，但是从当前许多城市水资源配置应用的现状来看，却对河流生态水文有所忽略，以致对河流生态水文系统造成较为严重的影响。基于此，本节首先对水资源配置和河流生态水文系统做简单的概述，然后选择辽宁本溪太子河作为研究对象，探讨该河流在水资源合理配置下的生态水文演化特性，希望通过此次研究能够为水资源的合理开采利用提供参考，促进河流水资源的可持续性利用。

在完整的生态系统之中，水资源是各生命要素生存发展的根本，为了能够更好地研究河流生态水文演化，在不影响河流生态系统的前提下，最大限度地开采和利用水资源，以此来满足区域内对水资源的需求，首先要研究水资源与各生命要素之间的相互关系，增进对河流生态水文系统的认识。

一、水资源配置及河流生态水文系统

（一）水资源配置

水资源配置主要指的是在一定的区域范围内，对水资源进行科学的调配，以提升水资源的利用效率，促进区域经济发展。但在水资源配置的过程中，应注意坚持以可持续发展为基本原则，不能在水资源开采应用过程中造成水生态系统破坏，避免出现过度开采地下水资源、加剧水资源污染的情况发生。

（二）河流生态水文系统

所谓河流生态水文系统实质上是一种复合形式，是一种河流水文系统和生态系统的结合，其主要针对河流的地下水位、河道径流、河流生态等展开研究，通过对河流水文特征的变化分析，来研究河流的生态演化规律。而在确定河流生态水文演化规律之后，对水资源的开发配置将变得更加高效，同时有助于维持河流生态水文良性发展，降低在水资源开发应用过程中对河流生态环境的影响。

二、太子河水文特征与河流生态之间的关系

（一）太子河概况

太子河属于辽宁本溪市境内较大的河流之一，贯穿本溪市境内，本溪境内河长 168 km，流域面积 4 428 km²，本溪市居民热情地称之为"母亲河"，成为现代本溪市发展用水的主要来源。但从太子河历年来河流生态的演变来看，由于水资源配置利用缺乏科学性，使得其河流生态系统逐渐变得恶劣，不仅水质严重下降、受污染程度大幅上升，且在水量上也呈现出下降的趋势。

（二）水文特征促进河流生态演变

1. 水文特征反应河流生物结构演变

在整个河流生态演变中，水资源是其中主要的驱动力，当水资源的一些特征发生变化之后，将会对河流的整个生态演变过程产生较大的影响，尤其是河流中的生物结构。从太子河历年发展演变的情况来看，受水污染影响、水量下降影响，河流内水生物种类和水生物数量都呈现出下降的趋势。

2. 水文特征反应河流的自修复能力

相较于一些处于静态的水文生态系统，河流生态水文系统在自修复能力上明显更强，河流内水资源处于不断流动的状态，区域内水源的更新速度较快，这也在很大程度上促使河流表现出较强的自修复能力。在此因素影响下，对于一些污染较为严重的河流，在将其污染源切断之后，河流往往能够在较短的时间内恢复，但河流的自修复能力、自净化能力往往有一定的极限，当超过该极限之后，河流水生态系统在自恢复上将变得较为困难。因此在当前水资源配置应用过程中，应充分重视污染源控制，降低生活污水、工业废水等的直接排放，以免影响到河流生态水文系统。

3. 水文特征反应河流整体的生态环境

对于自然生态系统而言，各自之间存在着必然的联系，如流域内陆地生态系统遭到较大的破坏，植被被大量砍伐、产生废物废气废液过多，必然会对河流生态水文系统造成较为严重的影响。如植被砍伐引起水土流失，使得河水资源浑浊；未处理污水排放过多，使得河流水资源出现富营养化特征。河流的水文特征在很大程度上反映了流域范围内的整体生态环境。

4. 水文特征反应河流生态环境的动态平衡

对于河流生态环境而言，都存在着一个动态的平衡状态，当其遭受外界干扰或影响时，河流生态环境会做出适当的调节，以适应外界环境的干扰或影响，从而使河流生

环境不发生较大程度的改变。但河流生态环境的动态平衡存在一定的极限阀值，当外界环境对河流生态环境带来的影响超过该阀值之后，便会对河流生态环境带来较为恶劣的影响。基于此特点，当前在对太子河进行水文监测的过程中，应注意从所得的数据信息中掌握河流的动态平衡极限，并设置有效的预警参数值，确保河流水文特征能够始终保持较为良好的状态。

三、基于河流生态水文演化的水资源配置策略

考虑到河流生态水文系统中具备的自修复能力和动态平衡特性，在进行水资源配置时应充分结合其特性，采取更为适合的配置策略，从水资源产权完善、水利工程科学建设以及生态水文环境综合治理等方面入手，具体来看主要可以采取以下一些措施：

（一）在流域内建立完善的水资源产权

从辽宁本溪市的水资源环境来看，其存在着较为严重的水资源不平衡现象，西部区域受经济发展的影响，对水资源的需求相对较多，但西部当前可供开采的水资源量存在不足。基于此种情况，为了不影响河流生态水文的健康发展，在对水资源的配置上可以在流域内建立完善的水资源产权。以太子河为例，可以在东西部流域内分别建立对应的水资源产权，由于东部区域对水资源的需求量相对较少，现可供开采应用的水资源存在一定的剩余，因此在发展过程中可以采取出让部分水资源产权的形式，以此既能够促进本溪市西部区域的经济发展，又能够通过水资源产权转让让东部区域获取一定的经济利益，进而带动东部区域的经济发展。从而实现对流域水资源的合理配置开发，在不影响河流生态水文系统的前提下，完成对水资源的最大化开采与应用。

（二）科学建设水利工程

科学建设水利工程，有助于实现对水资源的高效应用，有助于形成对河流生态水文的保护，实现区域水资源的可持续性利用。如通过修建蓄水工程、引水工程，可将多余的水资源进行存储；通过污水处理工程、回用工程，可实现对水资源的净化处理和循环利用，这些方式都能够提升水资源的利用效率。

以地表水应用为主。地表水在再生性上相对较强，通过雨水能够较为快速的构建水生态循环，因此在基于河流生态水文健康发展的基础上，建设水利工程时应当尽量以水库、地下截水墙等水利工程为主，以此来有效拦截和存储地表水资源，使其更好地为区域发展所应用。太子河先后建设了关门山水库、汤河、葆窝等水库，在很大程度上促进了区域地表水的应用，但由于建设时间较长，与当前城市发展建设契合度较差，对城市建设发展带来的作用较为有限，基于此在本溪市发展建设中，还应结合太子河当前实际

情况，在不影响河流生态环境的情况下合理建设水利工程，从而进一步提升对水资源的利用效率。

以地下水应用为辅。地下水主要被分为两种类型：浅表地下水和深层地下水。浅表地下水在再生性能上相对较强，在可适当对之做出开采应用，且对河流生态水文系统的影响较小；而深层地下水其形成时间通常较为长久，在开采应用之后很难重新恢复补充，因此应杜绝对此种水资源的开采。基于此，当前在水利工程建设中，应适当控制浅表地下水开采工程的数量，同时加强水文监测工作，尽可能维持浅表地下水开采量和生成量的平衡。此外，应杜绝建设深层地下水开采工程，以保证流域内水资源的循环利用。

（三）强化河流生态水文综合治理

河流生态水文系统在演变的过程中，存在着动态平衡特性以及阀值性，当外界环境污染过于严重时，将会对河流生态水文系统的可持续发展造成较大的影响。但是从当前本溪市太子河的实际情况来看，近年来受污染程度明显增大，使得河流生态水文系统进入衰退阶段，对区域水资源的开采应用造成较大的不利。首先，太子河受上游区域水土流失的影响，本溪市境内河道、拦河闸坝、水库工程等淤积较多的泥沙，影响到对资源的实际蓄存能力，面对此种情况在水资源配置管理中，应定期对太子河流域中的河道、拦河闸坝、水库工程等采取清淤措施，提升其实际蓄水存储能力。同时应与太子河上游区域取得联系，加强植树造林工作，减少水土流失，促进河流生态水文系统恢复。其次，加强生活污水、工业废水的排放监管，从源头上控制太子河水资源污染源，发现污水乱排放情况，及时做出惩处。在控制污染源之后，能够让太子河充分发挥自净化能力，从而让河流水污染得到控制，使河流水生态环境朝好的方向发展。

综上所述，在现代城市发展建设中，水资源是十分重要的组成部分，对其进行合理配置更是城市健康可持续发展的重要基础。与此同时，在水资源配置中，还应充分考虑河流生态水文系统的演变情况，掌握河流生态水文系统的自净化能力，把握河流生态水文系统的动态平衡调节特性，合理规划河流水资源的应用，从而在不影响河流生态水文环境的前提下，最大限度地开发利用流域内的水资源，促进区域经济的快速发展。

第四节　生态水文理念与流域水资源

人类生存和发展的过程中，水是其中最重要的资源，随着我国经济的发展，水资源短缺问题越来越突出，对我国区域经济的发展有着明显的制约影响。因此，在当今社会中，节约保护水资源已经成为重要的研究问题。如若想要良好地解决水资源短缺问题，相关工作人员应该强化对水资源评价工作的研究，并提高重视，对水资源的特点、分布进行深入分析，科学合理地运用生态水文的理念，对水资源配置进行优化，从而在规划流域水资源的过程中，提供准确的依据作为参考。

一、流域水资源评价工作中的问题

评价水资源的工作始于19世纪，随着经济全球化进程和城市化、工业化建设等工作的不断加快，当今在水资源评价中有着越来越大的压力，因此，在当今时代中，水资源评价工作成为相关管理部门最为重视的问题。美国等一些发达国家已经进行过多次水资源评价，从而实现了科学控制国内的水资源，我国在水资源评价项目方面，还处于起步阶段，我国展开水资源评价项目从20世纪末期才开始，因此，我国在评价水资源工作中，仍然存在些许问题，同时因为我国的生态环境逐渐恶化，从而导致水资源会受到多种因素的影响，无疑也增加了水资源评价工作的困难。

（一）水循环模式变化

我国在进行评价水资源工作中，多为采取"一元一静态型"的模式，主要通过专业设备获取流域水文环境要素，在此之后对数据进行整理，将人类活动因素剔除，还原原本流域水资源。人口快速增长和经济飞速发展，人类活动、工业化建设等，都已经将大自然的水循环模式改变，从而促使自然水循环过程体现出二元特征。首先，增加了水资源的驱动方式，在水资源驱动过程中增加了人工驱动的方式；其次，原本的自然水循环变成人工加自然水循环的方式，水循环的过程开始受到人类活动的影响。在评价流域水循环中的循环参数更多，需要综合考虑气候、土壤、地貌等多方面的自然因素，还要考虑在水域流域之内经济的实际发展情况。

（二）流域水资源评价方式的问题

1. 地表与地下水资源评价相分离

对水资源循环产生影响的因素有很多，如径流量、降水、地下水等等，但不同形式水资源也会进行相互转化，存在双向的转化特征。因此，应该以双向评定要求进行水资源评价，同时需要统一评价水资源质量、地下水资源、水资源含量等。在实际评价水资源的过程中，多数都是将地表与地下水资源相分离，这种单独评价方式将两种水资源的联系打破，从而降低了水资源评价的有效性，增加了配置水资源的难度。

2. 缺乏完整的水资源评价时间表

在水资源的变化过程中，具体变化情况与时间之间存在密切的关系，在不同的时间段内，流域水资源会呈现不同的规律，主要是在水资源分布和水资源总量方面，在当今实际进行水资源评价的过程中，一般都会使用多年水资源变化的平均值，进行区域中水量和水质的判断，但是没有在某一个月的时间段内，对水资源的变化数据记性评价，采用平均值进行评价产生的数据较为片面，很难形成全面的水资源规划指导工作。

3.忽略了水资源分布规律

一般情况下，在评价水资源的过程中，工作人员多会采用集总式的方式，而对于某一特定区域的水资源分布规律则会有不同程度的忽略。集总式分析的方式主要存在两方面的弊端：首先，没有充分考虑区域中水文要素之间的差异，从而出现片面性的计算结果；其次，无法对水资源的演变过程形成动态的反应，将水资源在空间方面的特征忽略掉了。

二、生态水文理念下流域水资源评价方式

（一）更新传统水资源评价模型，统筹地下水与地表径流的关系

可以采取以下两方面措施来了解地下水与地表径流分离的情况。首先，对地下水、地表水资源的关系进行充分的考虑，建立二元评价模型，以此模型为基础，将两者之间的关系进行合理化统筹，从而提升水资源评价工作的合理性；其次，采取双向评定的方式，明确不同形式水资源的联系，对水资源的变化形成良好的掌控。

（二）以全面详尽的基础数据为依托，构建完善水资源时间评价表

在实际水资源评价工作中，必须要将评价所产生的数据全面收集，对水资源的配置方式进行科学规划，以时间尺度上的差异为基础，对水资源的规律进行合理的总结。在对多年和每年的降水量分析的过程中，应该利用差积曲线，首先将不同分区多年的平均降水量、差异性频率的年降水量计算出来，然后再对整个区域进行计算，从而提高水资源评价工作的效率和质量。

（三）重视水资源分布规律和评价方法

在水资源评价工作中，通过集总式分析的方法，找到其中存在的问题，基于生态水文理念下，工作人员要对水文水资源分布规律提高重视，对可能对水资源分布产生影响的水文要素、因素等进行充分的考虑，对水资源评价的方法要提高重视，如此，才可以得出更为接近真实数据和全面的计算结果，同时还可以更加精确的得到动态反映水资源的演变过程，清晰反映出水资源空间方面的特征。如若想要提高水资源规划的合理性，就必须要提高评价水资源的质量和效率，对水资源实现统一配置，从而最终促使水资源可以形成可持续开发和利用。

（四）创建水资源评价系统，还原真正参数

在传统水资源评价过程中，多以"一元一静态型"评价模式开展工作，但忽略了人类的活动内容，最后得到的数据仅代表自然对水资源的影响。人类活动、自然水循环两者之间的影响没有考虑期中。如果在人类活动不明显的情况下，这种方式还可以适用，如在研究陆地与海洋水循环的过程中，海洋水循环过程在其中的作用比较突出，因此就可以应用"一元一静态型"模型进行研究。但如果是对人类活动较多或者是在我国缺水流域进行水资源评价工作，则不能应用该模型。因此，针对这种流域就需要应用"二元演化"模型进行。这种模型可以在分析的过程中，将天然水循环过程与人类活动进行统一，工作人员需要在实际运用该模型相关理论过程中，对还原参数进行不断更新，进而筛选出更为合理的还原方式，有效将水文渐变过程反映出来，找到水资源分布的规律，将未来时段中水资源的变化过程合理预测出来。

（五）以先进的科学技术手段，革新水资源评价方式

当今时代中科学技术飞速发展，从而也带动了水资源评价方式不断增加，如大尺度分布式水资源分析模型就已经被广泛应用，该模型具有明显的优势，不仅可以对不同大小流域的径流变化过程进行动态的模拟，还可以有效体现出水文环境、自然环境的变异特征，尤其是近些年来智能系统的发展，如 GRS、GIS、RS 等技术的应用，有效降低了水资源评估工作的整体难度，通过这些先进技术的应用，不仅可以帮助工作人员有效获取相应水资源下垫面的变化，同时还包括气象、水文要素等多方面的数据，从而衍生出 WEP-L 物理评价模型，这种模型是综合了 GRS、GIS、RS 三种系统，将自然水循环、人类活动形成完美的统一，从而可以更为全面准确地反映出水资源受到人类活动的影响，充分、全面地考虑水资源的分布规律，对时间分布、空间分布之间的关系可以更好地协调。

综上所述，我国经济发展过程中，水资源短缺是其中重要的问题，因此，如若想要提高我国水资源的整体利用率，对水资源配置实现良好配置，必须要提高对水资源评价方式的重视，实现科学配置水资源，在水资源分析中，融入生态水文理念，更好地构建出健全的水资源评价系统。

第五节 水文对水资源可持续利用的重要性

我国的水资源在地理位置上分布不均，所以在我国现代化建设的过程当中，可持续利用水资源一直是不可忽视的重要问题之一。我国的人口数量、工业生产规模以及城市的规

模在不断扩大，因此水资源匮乏这一问题受到了人们的广泛关注。基于此，应当探讨如何合理开发水资源，找到可持续利用水资源的途径，在世界人口的增长过程当中，人们对于水资源的需求也是不断增加的，因此，如何合理利用水资源会关系一个国家对于未来的规划和进一步发展的战略。本节就水文对水资源可持续利用的重要性做简要探讨。

水是我们生活的根本，是生命的源头，因为人体的 70% 都是由水构成的，所以在人们的生活和生产过程当中起着非常重要的作用。尽管在我国有着较为丰富的淡水资源，但是我国的人口基数大，所以人均水资源非常稀少。然而在 21 世纪的今天，仍然面临着同样一个危机就是水资源匮乏，因为无论是发展工业、农业还是生活，对于水资源的可持续利用都具有非常高的要求。

一、水文与水资源可持续利用关系的概述

（一）水资源管理

据相关调查可以得知，尽管我国水资源位居世界第六，属于蕴含丰富水资源的国家，但是人口基数非常巨大，因此人均水资源远远低于世界的平均水平。又由于我国的水资源时空分布非常不均匀，夏季多雨，冬季少雨，南方多，北方少，所以就使得我国的西部以及一些北方地区都有严重的缺水问题。缺水问题会对当地居民的生活和生产造成非常大的不便利，还会影响到经济的正常发展。基于此，为了解决西部和北部地区的缺水问题，必须要通过分析水资源的管理找到途径，这样才能够使水文和水资源可持续利用的关系更加的密切。

（二）水文可以促进水资源的可持续利用

水资源可持续利用和水文工作存在着非常紧密的联系，因为水资源可持续利用的水平能够在科学的水文工作辅助之下得到有效的提高。与此同时，我国各种探测技术也在不断地发展，所以，水文探测工作的信息化水平有了非常明显的提高，在水文工作当中，通过信息化这一服务能够奠定一定的技术基础。建立和完善现代化的水文监测系统，能够有效地提高水资源管理工作的质量和效率。因此，想要提高水资源管理工作的水平，必须要完善基础设施，这样才能够将各种管理工作落实到位。

（三）水资源可持续利用对于水文工作的要求

为了让水资源得到可持续的利用，对于水文工作提出了更为严格的要求。首先，水资源的基本信息是不断变化的，因此相关部门必须要及时掌握这些信息。不断提高水文工作的信息化水平，这样才能够掌握水文的基本状况，让水文工作能够获得高效率的探测结果。其次，要建立较为完善的水资源在线监测系统，这样可以实时监测，并且不断

完善水资源管理的需求。最后，要根据我国水资源工作的实际内容来扩大范围，毕竟水资源管理工作的量是比较大的，为了解决这样一种情况，必须要做好基础设施的建设工作，这样才能奠定好后续工作的基础。

二、我国水文水资源利用的现状

水作为我们生活当中不可缺少的物质，具有可再生性和自净的能力，在水循环以及水平衡的过程当中，对于生态环境的稳定起着非常重要的作用。我国自改革开放以来，就已经探索了水文学以及水资源等方面的工作，但是受到单个学科的限制，因此所获得的研究成果在综合性和系统性这两种方面还存在着不足之处，而获得的实际情况是不符合我国当前社会经济的快速发展以及自然环境变化的迫切需求，这就意味着首先要通过多个渠道来收集学科和领域里的数据，再根据这些庞大的信息，建立完善的先进信息化水文系统，这样就可以借助这一系统实现科学合理地开发我国的现有水资源，保护并改善赖以生存的自然环境，促进环境的循环利用。

三、水文工作对水资源可持续利用的重要意义

（一）提供可靠的依据

为了能够在现实生活当中更好地实现水资源的可持续利用，必须要获得相应的技术支持，因为在信息工作中得到有力的保障，就意味着能真正做到抓牢工作中的重点，实现水资源的可持续利用。水文数据的信息管理工作，要能够为其他的工作人员提供便利的信息服务，信息化的服务能够帮助工作人员进行更精准的实施，真实提供当前水资源的实际状况，同时还能够分析当前水资源如何通过一些措施来实现可持续的水资源管理。因此，在当前的信息化时代背景下，针对水资源的规划，可以建设水文信息系统。

（二）提高水文工作的管理水平

其实水文工作有两部分的内容，包括预测和监测。首先可以通过精准的水文预测，帮助防洪抗旱工作得到顺利地开展，进而提前对国家发生旱涝的相关信息有一定的了解，这样才能够做好准备工作，可以在一定程度上防止旱涝所造成的各种危害。与此同时，为了能够可持续管理和利用水资源预测，可以采取预防措施。另外，水文监测工作开展的实质就是为工作人员提供实时的情况，包括水资源的分布和变化，这可以有效管理全国的水资源，所以有着积极的作用。通过水文监测能够评价水资源整体的状况，在充分了解水体情况的基础上，制定出科学、合理的调整方案，这样就可以实现水资源的可持续利用。

四、水文为水资源可持续利用提供的具体对策

（一）建设水文站网

可以建设监测旱情的网站，这样可以完善体系。因为我国的地形地势，使得我国的绝大部分地区常常会受到季风气候的影响，出现干旱、少雨的恶劣天气状况。在这种背景下，建设旱情监测网站就可以对即将出现的旱情进行精准的预报，能够做好充足的准备，可以在一定程度上避免很多的损失，进而更合理利用水资源，及时制定防旱抗旱的决策，为这些决策提供较为准确的数据。还能够让相关的部门及时掌握我国各大流域内的水文形势变化状况，然后根据这些实际情况建设出具有完善功能的水文预报站。其实我国还在不断完善水文的网络工作，因此现如今的水文网络变得越来越稳定，不仅能够为我国的所有河流在一般汛期和主要汛期的发生情况提供最真实可靠的数据，满足水文工作者在实际工作当中的要求，还能够进一步提供有关各流域水文信息的各种预报服务，最终就能够保障抗旱防汛工作的顺利开展。除此之外，建设水文网站还能够保护现有水资源的实际需求，进而适当调整水质监测网站的功能。毕竟水质是水资源的重要组成部分之一，因为在当前的时代下，工农业快速发展，城市经济也在发展，所以水污染的问题非常严重。在这种情况下如何做好建立水质网络的工作？首先，要能够了解每个流域内水资源在管理过程当中的实际需求。其次，结合真实数据，进行针对性的水质网络优化，再通过进一步的研究，进行综合性的分析，这样才能够提高这一地区水质的自动监测能力，让监测人员能够及时接收到有效的数据，借助这些数据，制定出完善的保护政策，进而可以保证水质，满足人们在日常生活和工业生产当中的大量需求。

（二）建设水文信息化平台

在整合现有水资源实际信息的基础上，建立完善的水文信息平台，收集一些水资源的相关数据，进行认真分析和调查，利用这些数据信息记录和编制下一步的工作。按照水文建设信息化的发展过程可以得知，水文的预测能力明显提高，水资源的可持续利用更加便捷。另外，对于水文数据，要能实现资源共享，这样也可以提高水文平台的服务能力，通过各种各样的水资源数据来完成信息的共享，让所有的服务部门都能够按照信息管理系统找到自己想要的信息。除此之外，让网络建设和数据库管理融为一体，不断壮大水文信息化的队伍，不断改善水文水资源的信息流，相关的部门能够依据社会在发展过程当中的需求找到合适的信息，提供更全面的水资源数据。

（三）做好统筹规划

如何让水文更好地为水资源可持续利用而服务？首先，要加大科技的投入力度，使用信息化的手段来开展各种各样的水文监测工作。与此同时，还要加强对相关工作者的培训力度，只有让他们都尽快掌握最新的技术，才能够提高监测水平。其次，更重要的是做好水资源的管理工作，尤其是水质的保护以及水资源的节约。最后，还要加快水资源体制改革的脚步，对于地方的行政管理体制改革也要进行进一步的规划和调控，这样才能够让水资源管理体制更加完善，让我国的水资源管理工作能够满足当前形势下社会发展的要求。当然，还要加快建设城乡可持续利用水资源一体化，统筹供水节水以及建设水源地等工作，这样才可以让我国的水资源得到可持续利用。由于全球变暖是暂时不会改变的现状，因此可以定期组织开展有关水资源可持续利用的研究，不断研发先进的节水技术，并将较好的研究成果推广到实际的生产应用当中。

在我国经济发展和社会进步的过程当中，水资源是必不可少的资源，但是人口数量也在随之增长，所以水资源匮乏的问题也越来越严重，必须要提高水资源的管理工作水平，让水资源能够可持续利用。必须要做好水文工作，因为水文工作能够保障水资源的可持续利用，所以要充分发挥水文工作的监测基础设施建设以及信息化服务的作用，不断提高资源管理水平。

第六节　水文与水资源工作面临的挑战

目前，我国社会和经济不断发展，已经成为世界第二大经济体，各类产业发展势头良好。良好的经济发展背后带来的环境问题，却成了一个重要挑战。所以，要对环境问题加以关注。水资源对于经济发展、生产生活具有重要作用，而目前水资源方面频繁出现问题。作为经济产业发展必不可少的资源，水资源的价值和重要性不言而喻，因此必须加强对水资源的管理和利用。本节根据目前水资源的发展现状，详细分析和阐述水文与水资源工作面临的挑战，希望可以对加强水资源的保护和利用提供帮助。

改革开放 40 年来，我国经济发展势头良好，各产业不断优化升级，各行业不断发展，中国的经济实力正在增加。但是，在经济高速增长之后，出现了很多问题，必须正确面对。譬如，经济发展带来的环境问题，特别是严重的水资源问题。水资源是人类生存的基础，也是保证经济生产生活顺利进行的前提。因此，分析水文水资源中存在的问题，根据实际状况制订有效的解决方案，同时加强对水资源的管理和保护，减少不必要的水资源浪费和污染，不过度开采地下水，以改善当前水文和水资源面临的不良状况。

一、水文与水资源工作面临的挑战和困难

（一）水资源污染情况日益严重

随着经济发展、工业生产水平提高和人口的增加，水资源需求越来越大，导致水资源严重不足，同时伴有严重的水资源污染。当前，水资源污染从以前的局部发展到整个流域，从地表转移到地下，从河流上游扩散到中上游，从城市扩散到农村，且水污染的成分也变得越来越复杂。被污染的水域除了重金属以外，还有化肥、洗涤剂和农药等有害残留物。许多高污染、高能量消费产业的发展，导致水资源的污染面积和污染程度严重扩大。化学成分和农药成分的污染都属于水资源污染。水具有流动性，被污染的水进一步污染了土地河川，并波及河川水中的动植物，最终引发食品安全问题。水资源污染的状况日益严重，威胁人类健康，甚至危及生命安全，因此需重视水资源污染的现象，加强对水资源污染的管理。

（二）水资源减少且地区之间差异较大

我国国土范围广、地形地貌差异较大，因此不同地形区之间水资源的存在量存在明显差异。这不仅是自然条件造成的，而且受到经济发展的影响。在我国地形较为崎岖的山区，受诸多因素限制，经济发展水平较低，产业结构不合理，资源开采和利用没有合理规划，出现了水资源严重短缺的现象。在山区，水资源从上游源头流出后会出现断流现象，导致中下游地区水资源严重短缺，水土流失，植被覆盖率低，土壤、空气被破坏，极易诱发地质灾害。

近年来，我国北方地区水资源量明显减少，其中黄河、淮河、辽河以及海河等最为明显，水资源总量约减少12%。北方部分地区水资源严重不足，山地的水资源大幅减少，严重危害了中下游地区的社会经济发展和生态环境。同时，许多河道出现断流现象，严重影响地下水补给，带来严重的土地退化、水土流失和湿地萎缩等生态问题。

（三）过度开采水资源

随着经济的发展，各类产业处于繁荣发展时期，经济水平和物质生活条件都得到了大幅度改善。由于我国人口基数大，必需的水资源需求量急剧增加，地表水资源的使用增加，地表水资源不足现象严重。为满足水资源的使用，更多的地下水资源被开采。尤其是近年来，随着技术水平的提高，深井数量增加，过度开采和地下水资源的使用改变了地表状态，造成建筑物、道路、工程等发生沉降现象。地下水作为储备水资源，被过度开采后，地下水位不断下降，对人类未来的生存和发展产生了很多负面影响。也就是

说，水资源特别是地下水资源的过度开采，导致整体的水资源恶化，河流湖泊水量减少，一部分河流甚至干枯。

（四）水资源供需失衡导致社会利益冲突

随着全球变暖现象的发生，地表水文的状况受到一定程度的影响，暴雨发生次数增加，水流量减少，水温上升。在一些地区，水资源的结构大不相同。在部分干燥地区和半干燥地区，降水量非常小，加上全球变暖的影响，对系统产生了很大影响。盆地、山地地区，地球变暖化直接提高了温度、加快了积雪的融化速度，但将积雪变换为降雨非常困难。全球变暖对水力发电的运转也有影响。在一些地区发展过程中，水资源发生变化，造成供求不足，进一步限制了经济发展，出现了一些社会利益冲突。

（五）投入资金短缺

水文水资源行业不具备行政功能，收入少，属于社会公益性服务业的范畴，且需要进行现场测定，工作内容重，资金不足。水文水资源的研究力度不断增大，但相应的资金匮乏。水文水资源较多的研究项目规模较大、投入时间较长，且需要投入较大的资金，但现状无法支持项目研究。一些研究项目是世界性研究问题，所需经费多，不能在短时间内拿出这些经费。

二、水文资源变化和气候变化之间的关系

水资源作为一种存在于自然界的自然资源，与气候变化有着密切关系，二者之间相互作用。自然界大气中存在许多水分，气候的变化会导致水分发生变化，影响水资源的循环和产生。气候变化可以影响水资源的分布和产生，影响当地的生态环境和经济的发展。当生态环境遭到破坏后，会影响大气环境的变化，从而影响水资源的循环。所以，气候的不规则性会导致水循环系统发生变化，从而出现水资源短缺的现象。

为了能够更好地开展水文工作，一定要充分分析影响气候变化的多项因素。影响气候变化的因素具有不确定性和多样性，需加强分析，否则会对水文工作的开展造成阻碍。如果水文和水资源工作不能正常顺利开展，将直接影响经济活动和人类正常的生产生活。所以，在开展水文工作前，要综合考虑影响水分的各项因素，加强对水文气候的了解。为了更好地保证水文和水资源工作的开展，必须分析水资源和气候变化之间的互相作用，剖析影响因素，从而充分利用这些因素管理水资源。

三、解决水文和水资源工作挑战的举措

开展水文和水资源检测工作有一定难度。检测过程中，水文和水资源处于一个相对

变化的状态。因此，为了更好地进行检测，需要根据变化情况随时调整水文参数。为了保障工作更好地开展，必须收集不同地区甚至全球范围内的水文及其资料作为参考，构建一定范围内的水文资料系统，发现水文与气候之间的整体关系，进而指导水文工作的开展。此外，水文工作开展应用的方法和技术，必须根据科技的不断进步进行改进。

我国在水文和水资源工作中还存在许多不足需要完善，要借鉴做得较好的发达国家的经验和先进技术，同时结合我国的基本国情开展工作，促进我国水文和水资源工作的良好发展。改善水文与水资源工作面临的挑战和困难，可以从以下三个方面出发。

①加大对水文和水资源工作开展在资金投入、基础设施建设等方面的投入力度，保障良好的基本条件，同时加强对工作人员的培养，增强其专业素质和工作能力，在进行实际水文和水资源检测工作前做好实施方案，整体规划工作，为良好开展工作打下基础。要提高器材资金投入，建设相应的水文器材库，定期检查、更新相应设备，提高硬件设备的性能，大大提高水文水资源的生产效率。

②提升水文水资源科技含量。首先，提升通信技术。水文水资源工作信息化不断增加，需构建信息化交流平台，采用先进的通信技术，利用计算机网络技术，使水文信息平台高效运行，从而高质量完成水文水资源的相关工作。其次，提升自动测量能力，更好地进行监控。可以实时动态监控各地区水体的情况，准确分析；在最短时间内获取大量的数据信息，且信息准确性高，提高水文信息系统的专业性。最后，提升遥感技术。采用遥感技术可以有效监控各区域的降水量，得到准确的监控信息。检测水文和水资源各项技术后，提交的报告要提出行之有效的措施，从整体上提高水文和水资源工作开展的质量。

③水文和水资源的工作是一项长期且工作量较大的项目。必须保证充足的经费，投入经费渠道要畅通，经费投入和使用机制要完善。要不断加大政府投入，明确规定水文水资源工作的目标，增加政策扶持，在财政预算中严格制定有关水文水资源的工作经费。根据相关规定要求合理规划水文经费，加大经费投入的程度，监督执行经费问题，确保经费就位。

④强力防治水资源污染。水资源不足的原因不仅有对水资源的浪费，更重要的是水资源污染。因此，为了保护水资源，必须采取一系列措施。要加强并严格控制污染源，追根溯源。把治理污染源确立为根本理念，进行水资源的严格管控和污染防控。目前，各类工业产业的发展较快，产生的工业废水量多，多数废水直接排入了河流湖泊。因此，需提高环境保护的力量，做好基础设施建设，建立立体防治措施，综合管理环境，提高管理能力，有效控制污染物，最终保护水资源，提高环境质量。

水文和水资源对于一个国家的经济发展、生产生活有着重要作用。目前，我国水资源方面出现了一系列问题，导致水文与水资源工作的开展面临诸多困难和挑战。因此，要加强对水文工作的重视，加大投入力度，采取措施提高水文水资源的作业质量，使水文和水资源工作开展更加顺利。

第七节　资源水利与水文科学分析

随着社会经济的快速发展，我国水利工程建设已经取得了明显的进步。现阶段，工程水利逐渐向资源水利发生转变，这也是治水理念的重大变革。本节从水的自然属性以及社会属性方面进行分析，对人类面临的治水问题进行有效的研究。与此同时，对资源水利产生的背景以及必然性进行充分的分析，明确水文科学是资源水利的重要理论。基于此，本节就资源水利与水文科学进行科学有效的研究与分析。

在社会的发展，时代的进步中，我国水利工程建设已经有了突出的成绩。在发展过程中水利工程的发展模式也在逐渐发生转变，正朝着资源水利的方向迈进，为我国水利工程的建设发展提供了可靠的依据。

一、水的自然属性和社会属性分析

（一）水的自然属性

水能够凭借大气的运动、蒸发、降水的过程在岩石圈、水圈和大气圈组合形成地球系统，并且能够进行无限循环的运动，这也是水文循环。形成水文循环的主要原因是太阳的辐射以及地球的引力，也是因为水发生固、液、气三种状态，并且进行相互转换而形成的。但是在地球中，水的总量是不会发生改变的，随着时空以及空间的分布情况有所差异，也有可能会出现洪水或者干旱的问题。

水也是良好的溶剂，在实际的实验生产中，很多物质都能够与水发生反应，而水流是重要的载体，在坡面土壤侵蚀以及搬运、水污染物质的扩散等都是在水流的作用下实现和完成的。若是没有水流，也就不可能出现坡面的土壤流失、河道冲淤以及水污染扩散的变化。

水具有一定的势能、动能和化学能等功效，这也是水发生流动、物质的溶解以及其他物质的动力而形成的原因。若是将水的能量充分的集中在一起，就能够形成可再生清洁能源，也就是我们经常说的水能。

（二）水的社会属性

众所周知，水是生活和生产过程中不可缺少的重要因素，是地球系统有效运行的血液，而水文循环就是地球系统运行中的血液循环。水文循环能够很好地促进时空分布使得地球中拥有丰富多彩的美丽景色。

水分的缺失极有可能导致旱灾或者水荒的现象发生，而水分过多也导致了洪涝以及水害的问题出现；水污染使得环境逐渐恶化，使得人们对水资源的需要与水的自然属性逐渐出现严重的不协调。

在现阶段科技的迅速发展中，水资源能够再生，但是其具有时空的变化。所以，人们在进行水资源利用和开发中就需要一定的特定条件来满足，这也是水资源价值的真正体现，也是其价值规律存在的关键原因。

水资源若是处理不当，就会出现争水、排洪等现象出现，使得各个区域之间、各个国家之间的矛盾逐渐深化，逐渐成为社会不稳定的主要因素。

二、资源水利产生的背景分析

根据水利建设的发展历程来看，在人口稀少、经济不够发达的原始社会，科技也比较落后，人们居住的区域大多都是沿河地区，在干旱少雨的区域内，几乎就没有人居住。水也曾经被人们认为是取之不尽、用之不竭的资源，干旱缺失水资源也不被人们所重视。在社会经济的不断发展中，人们对水资源才有所认知，但是已经对洪水带来的伤害有了明确的认识。古代的大禹治水，也就是最原始的水利工程项目。

根据我国治水的经验来分析，在我国刚成立的初期，生产力以及对水资源开发的水平都有一定的限制。在这种情形下，人们对水利工程的建设都比较重视，对水有什么样的要求，就进行什么程度的开发，我国水资源的问题得到了有效的解决，也对生产发展方面有了一定的促进作用。但是，从根本上并没有将水资源的问题有效合理的解决。根据现实的情况来看，洪涝干旱、水资源污染等问题仍旧十分严峻，这种状况下使得人们对治水的理念有了全新的思考，也提出了更高的要求。

三、水文科学是资源水利的理论基础

水文科学具有地球物理学科以及水利科学的性质，作为地球物理科学的一个重要分支而言，其主要研究的是水存在分布、运动以及循环的变化规律等特征，将水的物理以及化学特性、水圈与大气圈、岩石圈之间关系分析确切。而作为水利科学的主要组成部分，其主要分析的是水资源的形成，时空的分布情况，如何治理、开发、保护等，在此基础上，对水利工程以及与其密切相关的水利计算机技术等进行合理的分析。

随着科技的迅猛发展，经济和人口也在持续上升，使得许多国家和地区面临了水资源问题，对社会经济的快速发展也产生了制约，强化水资源的开发和利用已经成为刻不容缓的解决措施。所以，怎样才能够合理的保护水资源，将水污染问题及时的处理和解决，已经成为人们关注的重点，也摆在了水文科学的面前，使得水文科学的环境逐渐向水文的方向发展。

综上所述，通过对水的属性、资源水利产生的背景以及水文科学的实际意义的分析能够看出，水文科学是资源水利的重要理论依据。在水资源的问题上，一直以来都是一大难点，也是人们迫切需要解决的实际问题。在未来的发展中，希望水资源的问题能够得到改善，并得到合理的利用。

第三章 城市供水水质安全的问题研究

第一节 城市供水安全问题

随着城市化进程不断加快，我国城市供水安全问题越来越严重，甚至严重影响人们的正常生活。城市供水系统属于城市基础设施的组成部分，是城市形成的基础，也是保证城市稳定、发展、繁荣的基本条件，与城市经济发展的各个要素密不可分，属于全方位服务，能为人们创造良好的生活环境，产生全局性影响。

一、城市供水安全内涵

城市供水安全是指，城市的供水系统能满足当前城市的发展需求，保证城市居民生活用水、城市农业用水、城市工业用水以及城市消防用水等，同时还要保证人们对水质、水压、水量的要求，做到水源充足、净水能力强和合理输送，并且力求在供水过程中做到经济、安全与可靠。城市居民用水包括人们日常的生活用水、公用事业用水等；城市农业用水主要包括在城区范围内的农业生产用水，如园林、花圃、养殖等；城市工业用水主要包括工业生产用水、附属生产用水以及辅助用水等。

二、供水安全方面存在的问题

（一）风险意识薄弱

我国绝大多数城市的供水企业在性质上属于国有企业，在管理上相对比较行政化，因而在实质上具有很多行政管理部门的特点。目前为止，我国绝大多数城市没有系统的从风险的角度采用定量和定性相结合的防范措施对安全问题进行分析研究，缺乏动态跟踪供水安全的体系，远远落后于美国、日本和德国等发达国家。

不论是水质污染，还是管网破裂，一般情况下都是多种原因引起的结果。因此，供水安全事故的发生、发展和可能对公众社会造成的负面影响，无法应用传统经验和常规性的知识来进行分析判断，也正是随着技术的发展和人们认知的提高得到影响因素的不确定性判断，使得供水安全事故的发生、发展和结果的不可控制性变得更加不确定、易变和复杂。仅仅细化安全生产记录和采用三级安全责任制只是防止风险发生的基础，并不能从实质上杜绝风险的发生。

（二）管理广度和覆盖面不够

供水安全体系与其他安全生产体系一样，也是人机与环境交互作用的复杂系统，但是很多供水企业的管理者仅仅从供水管网和水质的检测本身出发，没有把供水安全体系当作一个动态的、复杂的、开放的以及与外界密切联系的系统来看待，造成了安全管理在覆盖面上的相对狭窄。因此，为了做好供水安全管理工作，就需要应用系统工程的原理和方法，识别、分析、评价、排除和控制系统中的各种相关因素，结合运筹统计的方法对供水过程中的每一个流程、生产周期、资金运转等进行综合分析处理，使安全管理系统达到最佳运转的状态。

事实上，水源、生产工艺、管网等都只是供水系统中的一个子系统，而产水井、水库、加氯机等也都仅仅是其中的一项安全风险源。即使现有制定的应急预案也只是分项预案，在一定程度上仍需要有更高层面的综合预案来进行指导。除此之外，人员的综合素质、外在用水客户的细化管理定位等也是需要考虑的因素。归根到底，我国城市供水的安全管理需要在覆盖面上进一步拓宽。

（三）安全管理的深度欠缺

对于我国城市供水企业来讲，在安全管理的深度上有待提高，主要体现在这样五个方面：第一，对安全风险的理论指导不够重视；第二，安全风险信息的收集分析不够全面，在很大程度上只是以点带面，以偏概全；第三，安全风险管理的决策性分析缺乏必要客观的资料数据和方法措施支撑；第四，缺乏全方位、全过程以及全部人员参与的系统安全管理系统，多数企业都因决策者不了解基层的工作，基层不了解决策者的决策过程，造成了严重的脱节；第五，安全检查防护不细不严，缺乏必要的监管措施和手段。

三、保障城市供水安全的措施

（一）加大城市供水输配水系统的改造力度

在输配水系统的改造过程中，相关工作人员应主要从以下几个方面进行加强：首先，加大对新型材料的应用，将原有老化、损坏的管道及时进行更换和改造，并且在改造过程中，应对管材进行严格的消毒，以保证水质安全。当前，新型管材主要包括 PE 管材、不锈钢管材、铝塑复合管材、耐腐蚀管材等，各种管材具有不同的特点与性能，因此，在使用过程中，应结合实际情况选择合适的材料。其次，加强日常对管网的监控管理工作，以此来保证输配水系统的正常运行。例如，明确禁止在城市供水管道地面附近进行施工、燃烧等，防止管道受到损坏污染。最后，创新现有的施工技术，科学合理地进行施工，保证管道的施工质量符合标准，并且，定期对管网、管线等死角区域进行冲洗，同时进行除垢、清管等维护工作，以此来保证城市供水输配水系统的正常运行。

（二）改善水污染情况

当前，我国水资源污染严重，甚至已经严重影响人们的正常生活，因此，应加大水污染治理力度，改善现有的污染情况，从根本上解决我国的城市供水安全问题。首先，从高污染企业入手，将企业的污水排放进行严格管理，严禁将未经过处理的污水直接排向河流，以此来保证水源地的安全；其次，加大对其他污染因素的控制，改善我国水资源质量，从而保证城市供水安全；最后，加强节约用水的宣传力度，节约水资源，缓解当前我国水资源短缺现象，改善水环境。

（三）建立完善的水污染应急体系

随着我国水资源污染事件频繁发生，严重影响了人们的正常生活，因此，建立完善的水污染应急体系，是当前供水企业的首要工作目标。当水资源、水质或水量出现异常时，供水单位必须采取有效的检查措施，查明问题发生的原因，当出现严重问题时，应立即向相关部门报告，同时采取有效的应急处理措施，第一时间截断污染源，防止污染进一步扩大；启用备用水源，保证人们的安全健康；处理受污染的水源并解决污染源，从而确保城市供水安全。

（四）不断创新研发新技术

利用当前先进的科学技术，不断加强创新我国现有的水质净化技术，提高水污染的净化效率。供水企业应以改善水质质量与保证供水安全为工作目标，不断创新研发新技术，利用新技术提高企业自身的抗风险能力。同时，对水质较低的水资源进行处理，利用当前先进的吸附技术、化学纳滤技术、渗透技术以及组合工艺等，改善地下水的整体水质，并逐渐完善净水技术。加强对供水企业的设备监测，加快设备的更新，将原有的陈旧落后设备逐渐淘汰，提高企业的安全管理水平，降低设备发生故障的概率，以此来消除设备对供水安全的威胁。并且，供水企业应加强对设备抢修制度的完善，提升设备抢修人员自身的专业能力，建设高素质抢修队伍，以此来保证正常供水。

综上所述，保证城市供水安全问题是保证社会稳定发展的基础，也是保证人们正常生活的基本条件。因此，应加强对水资源的水质、水量进行检测，严格进行管网监督，利用先进的科学技术改善当前水资源质量，提升供水系统的施工质量与管材质量，同时大力宣传节约用水，从整体上保证我国城市供水安全。

第二节　二次供水保护问题

一、二次供水的水质安全问题

（一）余氯问题

在二次供水中，有很多水池或是水箱，它们的建造并不规范，如果其中的水停留的时间过久，那么水中的余氯就会出现明显的衰减情况。根据《生活饮用水卫生标准》中提出的要求，如果余氯的浓度过低，严重时还会降低至零，那么此时就会严重危害到饮用水的生物安全。

（二）微生物问题

微生物问题可以分为两个方面。一方面是细菌的超标，另一方面是病毒的超标。吕东等人在 2017 年调查了西宁市的二次供水水质的情况，发现在西宁市提供的供水水样中，仅有 86% 的水样细菌总数达标，和网管末梢水提出的 95% 的合格率相比，低了 9%。此外，深圳市民也出现了局部的水型伤寒和感染性胃肠炎，就是因为城市的二次供水设施遭到了伤寒杆菌和诺如病毒的污染。而水中的余氯过度衰减的主要原因就是微生物超标。

（三）异臭异味

水池或是水箱当中，很容易由于设计上的缺陷导致其中出现死水区。再加上由于管理的不妥当，水池和水箱会出现余氯严重不足的情况，这些条件都为浮游生物和微生物的繁殖带来了便利，导致水池和水箱中微生物的含量过高，此时就会释放异臭的物质，导致自来水出现异臭和异味。而且，如果二次供水设施在清洗过后加入了过多的氯，也会导致自来水中散发出严重的氯味或是氯酚味。

（四）"红虫"问题

如果在饮用水中发现了"红虫"，指的主要是摇蚊的幼虫。王海亮等人在研究了上海市中心城区的水质投诉情况之后发现，在所有投诉的信息中，有 10% 是因为市民在饮用水中发现了"红虫"。红虫出现的一个主要原因就是二次供水的水池和水箱管理不妥善，为"红虫"的滋生提供了便利的条件，造成居民的饮用水中出现红虫。

（五）黄水问题

如果居民的饮用水比较浑浊，或是水中的铁和锰的含量严重超标时，就会出现饮用水出现了"黄水"的情况。在王海亮等人的研究中，发现上海市中心城区的饮用水投诉信息中，有 40% 的原因是因为饮用水出现了"黄水"的问题。这也是居民投诉水质问题的主要原因。管道被腐蚀，或是水压发生了波动，都会造成自来水出现"黄水"的现象。

二、二次供水水质安全问题成因

（一）供水设施的设计和建造原因

1.贮水池（箱）位置不当

很多贮水池都临近化粪池、深水井等相关的污染源，因此卫生条件经常不达标；还有的贮水池上面就是厕所、浴室和厨房，因此，要面临较大的安全隐患和风险。赵惠玲等人调查了北京市大兴区的二次供水设施，水箱在 2m 范围内均有污水的管线，给水箱带来了严重的安全隐患。

2.贮水池容积过大

如贮水池的容积过大，其中的水停留的时间过长，也会导致水中的余氯出现衰减过度的情况，无法有效地防治微生物。而且，在一部分地区中，消防用水和居民的生活饮用水的贮水池是共用的，这也就意味着贮水池的容积过大，因此，水源停留的时间也会因此延长，增加了饮用水的生物安全风险。有关数据显示，贮水池中的水温达到 15℃，贮存的时间超过 36 个小时；或是水温高于 20℃，贮存的时间在 24 小时以上，都会滋生水中的细菌，加快它们的繁殖。

3.贮水池的构造和配管设计不合理

水池上面会设有人孔、通气孔和溢流管，目的是防止其他生物的进入；如果进水管和出水管的结构安排不合理，就会造成水流短路，在水池中形成死水区；泄空管和溢流管的出水口直接连接构筑物的排水口，或是其他的排水管道；高位的水池并未在进水管中采取防止回流的有效措施。李皖宁等研究了我国 154 处城市的二次供水设施，调查的结果显示，其中 8 处水箱的溢流管是直接连通下水管的，42.5% 的水箱在通气孔处缺少防尘网罩。黄继明等人研究了大同市的 57 处二次供水设施，发现有一半左右的溢流管与下水道直接连通，饮用水面临较大的水质安全隐患。

4.防回流和真空破坏措施不到位

居民的生活饮用水，经过二次加压的处理之后，会被用到其他的领域。此时，防回流措施没有有效地执行，或是真空破坏措施不到位，也会造成水质的安全问题。例如，从生活的饮用水管网流经消防的贮水池，进行补水的过程中，关口的最低处和溢流水面之间的空气间隙过窄；再或是饮用水管道直接对接到了有害的物质，或是设备，但是尚未采取有效的防倒流措施；也可能是生活的饮用水管道直接连到了消防的卷盘，但是却没有安装真空破坏器。

5.生活饮用水的管道布置不当

生活中，饮用水的管道布置不当是最常见的一个问题。例如，生活饮用水的管道和有毒物质的污染区并没有避开建设设施；在很多老旧的建筑或是社区当中，生活饮用水管道和大便槽等采用的都是非专用的冲洗阀直接进行冲洗。

（二）供水设施的管理原因

1.管理的责权尚未明确

在我国，很多部门都是二次供水的管理部门，不同的管理部门管理的方式也有所区别。例如，厦门市有四种二次供水的管理方式：物业管理、居委会代管、房地产开发商临时管理、产权单位自我管理。这种模式的管理显然会阻碍卫生监督。同时，供水企业负责市政的供水网管的管理，但是，二次供水的网管又直接连通了市政的供水管网。如果用户出现了水质方面的问题，无法明确究竟是供水企业的责任，还是供水管理单位的责任，他们之间也会互相推诿。

2.水箱的清洗情况不佳

水箱未定期清洗，或是清洗的过程不满足标准，是水箱清洗的主要问题。赵慧玲等人调查了北京大兴区内的71家78个供水设施，结果显示，有37家进行了水箱的清洗，占比75.5%，其中只有18家完全符合清洗的要求，占比仅仅36.7%。在山东聊城，15处水泵和水池箱，只有6家做了定期的消毒和水质的检测。

3.缺乏外部监管的机制

政府主要负责的内容就是监督二次供水的质量和服务。然而，二次供水的住宅设施点涉及面甚广。因此，政府的监管力度就略显薄弱，而且，采取的监管手段也十分有限。即使在监管中出现了问题，也很难在第一时间有效妥善地处理问题。

三、二次供水的水质保护对策

（一）规范二次供水设施

建设部针对二次供水工程的设计、施工、安装、维修，特地制定并颁布了《二次供水工程技术规程》，要求二次供水工程要在安全管理方面，更加规范地运行。在二次供水设施建造的时候，无论是设计单位，还是施工和监理单位，都要按照要求履行自身的责任和义务。建设单位需要将水质的检测工作委托给具有资质的建设单位，并提交水质检测的合格报告，之后才能向组织单位提出验收的申请。在组织单位验收合格之后，才可以投入到实际的使用中。

（二）改革二次供水的管理模式

在我国，目前主要有四种二次供水的管理模式。其一，专业化和服务外包结合的管理模式；其二，一门式管理；其三，物业和供水共同管理；其四，市场化管理。这四种不同的模式既有各自的特色，也有各自的漏洞。例如，在一门式管理模式中，供水企业会面临繁重的工作任务；而物业和供水共同管理，又会导致水价变得更加复杂；市场化的管理可能缺乏信誉和资质，影响后续管理。相对来说，专业和外包的模式缺点较少，管和养能够彼此独立，降低成本。

例如，天津采取的就是专业和外包相结合的管理模式，并初见成效。此外，上海采用的也是这种模式，效果也较为理想。再如，沈阳逐步接收了分散管理的二次加压泵站，并应用了企业和物业结合的管理模式，全市有86%的加压泵由水务集团接收，并将改造后的自管泵站交给了水务集团。因此，二次供水的设施和管理，要依照国家和地方的法律，并结合实际的发展，采取适合当地的管理对策。

（三）强化二次供水设施的日常管理

应该安排专职的工作人员做好二次供水的日常管理。二次供水设施的管理人员，需要有专业的技能，还要有熟悉设备的技术要求，同时还要持有健康证明。二次供水管理单位也需要针对贮水池建立水箱的清洗和消毒制度，定期巡检管道、阀门，以及水泵机组的仪表。此外，城市要将二次供水设施的清洗任务，交给资质齐全的专业消毒单位。

（四）加强对二次供水的监管力度

城市的供水主管部门需要完善二次供水的管理制度，提高对二次供水设施的监管强度。例如，城市的供水管理部门，需要在设施的设计、竣工等环节加大审核与监管的力度，还要做好日常的指导，保障供水安全。此外，各级的卫生组织也要强化执法，定期做好检测和督查，保障二次供水设施的资质齐全。一旦发现二次供水单位的行政许可证不符合规定，要及时地纠正和处罚，确保二次供水的管理更加的规范，保障居民的饮水安全。

（五）发展无负压二次供水技术

无负压的供水设备会和市政的供水管网进行串联，然后加压，通过管网原有的压力，在对管网不产生负压的情况下，对供水的设备做好调节。

无负压的供水设备需要一个封闭、无污染的环境，可以不配置水池，也不会影响到周围的用户，既节能，又省面积，而且维护起来十分便捷。对于住宅楼或是居住小区而言，二次加压的配套设施是一个良好的选择。此外，通过无负压的二次供水设备，还可以避免二次加压供水的水体遭到污染和破坏，能够更好地保障水质的安全。需要注意的是，以下这些水域并不适合利用无负压的供水设备来实施二次供水。

（1）市政供水管网的供水总量无法满足用水需求的地域；

（2）供水管网的管径过小的地域；

（3）不可以停水的地域和相应的用户；

（4）制造、加工有毒物质的工厂、药品加工厂、研究单位等；

（5）用水时间比较集中。在短时间内需要大规模用水的而且不具备调储设施的地域，如学校和体育馆。

随着社会的不断发展和进步，二次供水成为满足居民用水的一个重要途径。然而，二次供水设施的建设，也将更多的隐患带到了居民的用水安全之上。因此，针对二次供水出现的问题，我们需要采取相应的对策，加强监管，完善生活饮用水卫生监督的法律规定，从根本上改善二次供水的卫生状况。

第三节　供水管道存在的问题

城市供水管道在供水系统中有着极其重要的地位，供水系统是一个城市快速稳定发展的前提。随着我国现代化城市建设的飞速发展，城市供水管道建设也有了相当大的提高，由于城市供水管道的建设结构较为复杂，因此对供水管道的日常维护和管理工作也变得极其重要。虽然目前我国的城市供水管道建设的技术在不断地发展，但是在实际的施工过程中仍然存在着一些尚未解决的问题。因此，要及时采取完善科学的措施来解决这些问题，这样才能改善城市供水管道的现状，促进城市建设和发展。

一、城市供水管道建设的要点

（一）供水量的控制

城市供水管道系统的主要供水对象包括城市用户的生活用水、公共事业和公共设施的用水、工厂生产用水等。首先要根据各个供水对象的用水量来精准计算出整个管道系统的供水量是多少，然后根据所得的供水量来规定供水管道的直径。

（二）水质的控制和管理

城市供水系统的水质控制是城市供水中最为重要的问题，它直接影响着城市居民的生产生活和生命健康，所以，本着对生命健康负责的态度，城市供水系统一定要对用水质量进行严格的控制和管理。水质的控制和管理主要是对水中的矿物质和微生物的含量实行严格的控制标准，以及对用水进行的消毒方法和消毒用品也要进行严格的检查和管理，这样才能保障水质符合国家安全标准，提高城市居民的满意度。

（三）供水压力的控制

供水压力是指首先管道要采用标准的材质，其次要使用安全的压力值，保证水源能够正常地输送到生活区和生产区中，在此过程中要保证城市供水管道的安全运行。同时如果有些地域地形地势相差较大，为了增强供水压力保证用水的顺利运输，可以在一些地形相差较大的地方设置加压站，来保证城市供水。

随着国民经济的飞速发展，城市化进程不断加快。其中在城市化建设中城市供水管道的建设很重要，市供水管道和人民的生活和生产息息相关，也能够完全体现一个城市的综合实力和城市化建设的进程。它的安全性不但影响着人们的平常生活，也关系着民生国计，处理好城市供水管道问题十分重要。但是在城市供水管道建设中依然存在一些问题，本节将通过讨论城市供水管道建设存在的问题，以更好地促进城市供水问题的解决，保证居民的生活用水质量，加快城市化建设的进程。

二、城市供水管道腐蚀与漏损问题

（一）供水管道腐蚀的现状

一些城市供水管网老化，老城区问题尤为突出，供水管网铺设时间大多在 50 年以上，管材质量差、长期超限运行、年久失修、老化严重，造成爆管以及各种形式的明漏、暗漏。这部分管网约占全部管网长度的 6.2%。

现有供水管网中，灰口铸铁管占较大的比重，大多数城市达 50% 以上，个别城市甚至达 90% 以上。大多数安装时间较长的灰口铸铁管的质量已不符合国家规范的要求；加之管网配件质量差，接口技术落后，导致管网抗腐蚀强度低、长时间使用后形成水垢，腐蚀严重；抗压强度低，爆漏事故频繁发生，管网漏损逐年增加。此外，普通水泥管和镀锌铁管也占有相当比例，材质差、抗冲击和抗腐蚀能力差。

（二）城市供水管网漏损严重

管网漏损不仅浪费宝贵的水资源，也影响了供水企业的经济效益，各城市自来水企业对管网漏损的控制是积极的，但还需要很大的努力才能达到国际先进水平并缩短与发达国家之间的距离。目前国内平均产销差是 16.82%，但和国际先进水平相比，差距则比较明显，发达国家先进水平一般在 10% 以下。

三、城市供水管道规划存在的问题

（一）供水管网建设滞后

随着社会经济的迅速发展，城市的需水量也日益增加，城市的供水也面临着新的挑战，然而一些城市的供水系统项目建设却滞后于当地经济的发展，居民在用水高峰期的正常用水得不到保证。当前供水系统普遍存在的问题是供水管网的建设滞后于水厂工程，水厂的建设滞后于水源工程，城市供水管网的建设滞后无疑已经成为城市供水系统中的一个薄弱环节。因此要对现有的供水管网重新进行规划并优化改造，以适应城市发展对供水的总体发展要求，保障安全供水。

（二）供水管网非正常工况运行

随着城市建设的不断发展，城市供水格局发生了较大变化。为适应城市供水发展的需要，一些城市将不同时期或不同地区的供水管网进行联网供水，出现了管材混杂的情况，承压标准较低的管段处于超负荷运行状态，爆管事故增多。一些城市中心区或局部地区供水管径偏小，成为供水瓶颈，供水压力明显不足，断水现象也时有发生，给居民用水带来了不便，群众反响强烈。一些城市由于新建水源工程，将地下水源更换为地表水源，或增大地表水源比例，为弥补被替代的补压井的压力损失，提高了管网压力，却超出了原设计标准，导致一部分管道破损，管网漏损严重。

（三）供水量有待提高

我国目前的城市缺水主要有管理型缺水、资源型缺水等类型，虽然我国的淡水储存总量居于世界前列，但是人均淡水占有量不足。全国大部分的城市供水不足，其中有100多座城市严重缺水，尤其是某些大中城市的缺水情况尤为严重，由于长期受缺水困扰，城市的发展受到严重制约。缺水城市从北方和沿海的部分城市，已经逐渐向内地扩展。我国人均水源量不高，水资源时空分布不均，随着城市现代化建设进程的加快，对水资源需求的日益增加，城市水资源的供需矛盾进一步加大。

（四）供水水质问题

城市管网与其输送的水构成一个复杂的化学、生物化学反应系统。管网在水压降低时，会因抽吸作用吸入含有氨及可同化性有机碳（AOC>0.25mg/L）；而余氨不足时，有害细菌及微生物会繁殖；同时管道检修也会造成管网污染；铅在我国只用于管道接头，低 PH 值及低碱度的水对铅的溶解力最强；水泥砂浆管道涂衬可能会引起 NH_3 污染，NH_3 会在管道中转化成亚硝酸，沥青涂衬会释放出苯并 (a) 芘致癌物，应禁止使用。

微生物在管道中形成低 pH 值或者高浓度腐蚀性离子的微区，导致发生氧化过程或腐蚀产物及保护膜的脱落，硫酸盐还原菌及铁细菌在腐蚀中作用较大，硝酸还原菌及产甲烷菌也有作用。管网水无余氯，特别是"死端"余氯消失，细菌性腐蚀最易发生，管垢或腐蚀产物多的地方问题较多。

城市供水管道中的水质问题是城市供水中用户最为关注的问题，它是检查用户是否满意的重要指标，决定能否为人民生命健康负责的态度，能否为居民提供健康和满意的服务。水质控制的重要环节是注重检测水中矿物质、微生物在水中的含量，以及消毒原料、消毒方法的使用和控制，最后对这些结果进行分析。

四、城市供水管道产生问题的原因

（一）管道本身的原因

供水管道本身产生问题的主要原因包括两点：管道的材质和管道的使用阶段。

①管道的材质的正确选择能够有效地避免管道爆管这一问题。管道材质中的球墨铸铁管对预防管道爆管有着很好的效果。②在管道的制造过程中也要充分利用防爆技术，同时要结合实际，在不同的管道制造阶段，合理地选用不同的材质。管道的使用阶段也是供水管道产生问题的主要原因之一。管道的使用阶段具体可分成三个部分，即管道开始铺设的前期阶段，此阶段的管道施工质量对于预防爆管有着非常重要的意义，因此这阶段要仔细地做好管道修复和维护的工作；其次是管道投入使用的阶段，管道开始投入使用时最需要注意的就是对荷载量的控制；最后就是管道的后期退化阶段，这个阶段中会出现很多管道问题，尤其是爆管现象，因此，对该阶段的管道质量要严格控制，尽量避免问题的产生。

（二）管道内部的压力过大

根据管道的计算公式和相关数据我们发现，管道内部的压力和管道问题的产生是有直接关系的，如果数据显示供水管道的内部平稳时，供水将会顺利地进行。当系统的某个环节压力突然变大时，将会对整个供水管道系统产生极大的影响，严重者则会导致供水管道爆裂。

五、城市供水管道问题的相关措施

（一）管道材质的合理选择

管道材质的质量对于管道的运行有着直接的影响，所以在进行管道材质的选择时，不但要考虑造价还要充分地考虑管道材质的基本性能和承受力。如上所述，为了避免管道爆裂带来的恶劣影响，在进行管道施工时应尽量采用球墨铸铁管，相较于其他的管材来说，球墨铸铁管的强度、硬实度和耐受度等都更高一筹。

（二）管道施工的质量控制

在进行管道施工的过程当中，对于管道施工质量的控制是最重要的一环。管道的质量影响着整个供水系统，所以在实际的施工过程中，要严格按照标准进行，严格保证管道的质量。由于管道具有易腐蚀、易结垢的缺点，所以对于管道的后期维修和保养也是必不可少的。科学完善的管道施工质量控制工作能够增加管道的使用周期。

（三）完善管道建设的法律法规

为了更好地促进我国城市供水系统的完善和发展，提高供水管道的质量，保证居民生活用水的安全，要完善相应供水管道建设的法律法规。制定严格的赏罚制度，对毁坏城市供水设施的不法行为给予严厉的处罚，使保护城市供水系统的工作落实到每一位城市居民，积极树立保护水资源、维护供水系统的理念。全民共同促进我国供水事业的稳定发展。

随着我国现代化城市建设步伐的加快，城市供水系统建设作为城市基础建设中最重要的一环，是促进城市发展的重要推动力。虽然目前我国在城市供水系统中的管道设施建设还存在一些尚未解决问题，但是随着供水管道施工技术的创新和整改以及相应的法律法规的完善，在实际的施工过程中选择合适的管道建材，提高施工人员的专业素质，加强后期维护和管理工作，对施工中出现的问题及时解决，就能更好地建设发展供水事业，加快我国现代化城市建设的进程。

第四节　水质化验技术

改革开放以来，尤其是进入新世纪以来，我国的社会经济发展十分迅猛，然而生存环境却遭到了严重的破坏，资源浪费、环境污染等问题日益严重。水是生命之源，与人们的生产生活息息相关，但水污染问题却愈演愈烈，如何让老百姓喝上放心水、用上安全水成为社会各方同时关注的热点。水质化验技术的完善与提高对保证饮用水安全有着重要意义，下面笔者就针对水质化验技术的相关问题展开简单的分析介绍。

一、水质概述

水在循环的过程中常常会掺入一些杂质，使天然水质产生变化，微生物、无机物、有机物等都是存在于水中的一般杂质。而在工业废水中常存在工业的残渣、部分原料与废料等，在生活污水中常存在病菌、食物残渣、粪尿等各种生活废物。在水质检测时，要将质量放在重中之重的位置，只有把好水质检测关，才能让老百姓用上放心的生活用水。

水质检验质量控制是整个环境监测质量保证中一个重要又关键的部分，包括实验室内部、外部两个部分的质量控制。其中外部质量控制由中心监测站之外的专业人员负责；在内部质量控制中，包括密码样品分析、编制质量控制图、加标样分析、平行样分析、空白试验、仪器设备的校准曲线核查等内容。检测质量是化验室的生命所在，所以要特别重视检测的质量管理，确保化验室中所有的化验工作都要在化验室检验精确的前提下进行。国家要组织相关的化验人员做好各项工作，不断地进行质量控制考核，从而有效地管理与控制全国供水行业实验室的检验质量。

水质的化验过程是净水工艺的重要组成部分，这项技术的发展可以在一定程度上促进净水工艺的逐步完善。目前，净水工艺的设计环节需要按照规范和标准的要求进行，这对水质化验技术而言，无疑是一种更高的要求，另外水质化验技术的质量也会影响到净水工艺的实际效果，因此水质化验技术的质量成为衡量净水工艺水平的重要指标。

二、水质化验技术的发展历程

（一）初级阶段

水质化验技术的初级阶段从建国开始持续到20世纪80年代，此时社会经济得到了初步的发展，人们的生活水平也得到了相应的提高，对水质也提出了更高的要求，推动了水质化验技术的发展，并建立了长远的发展目标，常用的净水设备（絮凝池、絮凝剂等）及相关技术也取得了长足的进步，尤其在絮凝池方面，不仅拓宽了可以选择的种类，还增添了许多更为先进的功能，比如网格型絮凝池、纹板型絮凝池等，推动了我国水质化验技术走上技术化、高效化方向的发展道路。另外，对于常用的平流沉淀池而言，将完善的浅层沉淀理论融入其中，使平流沉淀池的浅显程度更为明显。在初级阶段中，进水池装置也取得了一定程度的变化，气水反冲洗技术得到了广泛的应用，臭氧化工艺的应用领域十分普及，尤其在水厂中已经非常常见，浊度的水质检测水平取得了显著的提高，并且在科技不断发展的影响下，功能各异的水质检测仪器层出不穷，为水质化验技术下一阶段的发展提供技术支持。

（二）发展阶段

在水质化验技术的发展阶段，相关领域注重臭氧型生物活性炭方面的研究，同时，这项技术的研究，极大程度上减小了气相色谱的总面积，并且还可将阳性原水按照要求转变呈阴性出水。在发展阶段中，还对塔形的生物滤池进行了专业的研究，并取得了突破性的进展，相关研究数据显示，塔形的生物滤池在过滤水中污染物的环节具有十分显著的效果。

（三）进步阶段

水质化验技术的进步阶段，是从 20 世纪九十年代开始至今，在经济及科技高速发展的影响下，国家的社会格局发生了天翻地覆的变化，人们的生活水平得到了质的飞跃，对水质的要求也越来越高，因此水质化验技术能否跟得上人们及发展的需求，成为相关人员关注的焦点。针对这种变革，我国相关机构做出了相应的动作，不仅将水质化验技术归纳为重要的研究课题，还建立了一定数量的水质监测站，并配备先进的化验监测仪器，如气相色谱仪等，水质化验监测水平基本达到了国际领先水平。可见我国水质化验技术实现了大踏步地发展。在专业技术上，相关研究机构都可做到精诚合作、资源共享，在一定程度上促进了水质化验技术的优化和发展。

三、水质化验的技术要求

水质化验的技术要求是保障水资源化验结果的重要保障，是促进水资源循环应用的基础，主要包括：

（一）水源水质化验检测

保障水质化验的质量标准在水源水质化验检测中是技术要求最高的检测标准，一方面对水源水质化验的时间要求通常情况下为每天进行一次，将每周的水质化验检测报告进行对比，分析水源水质化验结果的变化状况，以保障水源水质的标准；另一方面表现在水质化验中的要求基础上对眼睛可以看见的漂浮物和杂质的检测以及水资源中微生物的数量，包括大肠杆菌等微生物的检测以及从水的气味、明度方面对水源进行严格检测。

（二）出厂水水质化验检测

出厂水水质检测标准主要集中在对水资源质量检测中漂浮物检测，微生物检测和水资源的气味、透明度，水中氮氧成分的含量研究，促进水资源的综合应用。除了以上对出厂水水质化验检测的常规检测以外还要定期对非常规进行检测，包括出厂水中水锈含量对水质的影响，水中净化物对水质的影响以及水质净化对人造成的影响等多方面的变化，从根本上保障水资源应用的质量。

（三）输送管道水管中的水质检测

输送管道中水质化验的检测标准是水质检测管理中最便捷的化验检测途径，通常情况下要求水质化验的频率为每月至少一次。输送管道的水质化验检测一方面对水中的可见漂浮物体进行检测，保障水资源利用中水质量的综合应用。从水源检测，出厂水检测，到输送管道检测等多方面检测保障水质化验整体性，另一方面对水中氮氧化合物、水吸附剂、水浑浊度、水透明度进行衡量，保障水资源二次利用的质量。

四、水质化验分析的方法

（一）电化学电极检验法

这一方法主要适用于水样中有能与碘元素发生各种反应的元素，且氧溶解量的范围不超过 0.1 mg/L，这种方法多以所选仪器确定下限。该方法不会和碘量法出现任何形式的相对作用，而是在各项条件都符合要求的情况下利用电极开展的水质化验活动。采用电化学探头检验法所获得的测量结果或者测量过程等会由于水样中 SO_2、$C1O2$ 之类的特殊气体的存在而受到影响，因此在化验的过程中，应当定期更换薄膜。

（二）氧溶解量的测定法

碘量法、修正法与膜电极测量法等是测定水中氧溶解量时常用的方法。膜电极测量法多用于现场测定，操作过程相对简单，通过测定氧分子穿透指定薄膜过程中的扩散速度，从而确定待测水中的氧溶解量。修正法的操作比较复杂，需要视水中二价铁离子的含量而定，如果二价铁离子在水中的含量超过或等于 1 mg/L，则需要利用相应数量的高锰酸钾溶液加以测量；如果二价铁离子在水中的含量小于 1 mg/L，亚硝酸盐氮的含量超过 0.05 mg/L 时，就可以利用相应数量的叠氮化钠测定氧溶解量。如果水样中的悬浮物比较明显或者是水样带有颜色，对于氧溶解量的测定可以采用明矾絮凝法去除悬浮物、杂质与颜色。碘量法指的是添加一些具有一定碱性的盐类化合物，如碘化钾、硫酸锰等，利用水中被溶解的氧氧化锰离子，生成一定数量的四价锰离子。在长期的氧化作用下四价锰离子形成的碱会变成化学成分十分复杂的棕色沉淀，将相应数量的酸性溶液加入水中，就可以溶解棕色沉淀，并和水中的碘离子发生反应，最终在置换状态下获得游离态的碘元素，而对水中氧溶解量的测量就可以借助于计算、滴定等来完成。

（三）离子色谱检验法

该方法是在测定下限 0.1 mg/L 的情况下，测定饮用水、雨水、地面水、地下水中的溴离子、氯离子和硝酸根离子等的含量。

离子色谱检验法的原理：这一方法主要是利用离子交换的原理，在水中加入相应数量的碳酸，连续分析阴性离子，帮助其形成树脂交换的关系，将各种离子通过树脂所表现出的亲和力差异实现相应的分离，这时具有一定酸性的阳性离子会与分离出来的阴性离子形成一定程度的树脂反应，从而形成具有较强电导性的酸式碳酸盐，同时本身具有相应酸性的碳酸氢盐也会变成具有电导性碳酸，从而可以利用电导检测仪器测定水中的氧溶解量。

检验中存在的干扰和消除方法：一般情况下，和被测阴性离子有着相同保留时间的物质是对检验结果造成干扰的最主要的因素。在测量过程中，如果阴性离子的浓度差距较大，也是会增加一定的难度。要想降低离子定量的难度，可充分利用稀释的方法。另外，浓度较高的有机酸也会影响检验结果，而且水也有可能出现负峰降低，这时应当对样品利用标准化的方式配制淋洗溶液进行稀释，从而降低干扰因素的影响。

五、水质化验分析管理

（一）化验的管理制度

在化验水质时，必须严格遵照取样、化验、报送的工作流程，尽可能地完善质量检测制度，并有效地监管水质化验的每项工序，从而保证水质化验结果的科学性与准确性。

（二）对水质检测人员的要求

水是生命之源，严把水质检测关是让老百姓喝上放心水的有效保障。水质检测人员认真对待检测工作，全面分析、详细记录、精确监测等不仅是对这项工作负责，更是对老百姓的生命安全负责。因此水质检测人员应当树立高度的责任意识，将检测工作细化再细化，运用先进的监测技术，不断地研究探索，才能将误差降到最低，做好水质检测工作。对于水质检测人员，提出以下几点要求。

（1）重视对计算机技术的应用。如今信息技术发展迅速，计算机已被广泛地应用于各行各业，且发挥着重要作用。水质检测工作也非常需要利用计算机技术，计算机强大的管理功能可以改善技术交流与信息存储，对检测工作的帮助也是极大的，检测人员应积极引进计算机，熟练使用计算机，使工作流程不断地得到优化。

（2）重视对检测专业技能的培养与提高。水质工作者的知识储备、专业素质与实践技能都是非常重要的，工作者应保持终身学习的意识，经常通过实地观察学习或者相互交流经验等方式学习先进的技能，并将其实践于自己的实际工作中。对于单位而言，要重视对员工的继续教育，重视提高员工的专业技能，可以不定期组织学习培训，抽查业务知识，促使工作人员多学多实践，掌握检测仪器的方法，学习先进技术并拓展技能，提升他们将理论知识应用于实践的能力，从而打造一批素质上佳的业务高手。

（3）要重视政治理论的学习，强化工作人员的思想素质，提高他们的工作使命感与责任感，明确个人工作职责。只有强化思想道德的学习，深入了解国家政策法规，才能激励工作人员尽职尽责地完成水质检测工作，对国家、对人民做出应有的贡献。

（三）化验器材

在正式开始水质化验之前，需要严格地检查化验所用到的器材，按照化验所需和相应的规范要求调整器材。在平时存放化验器材时，为避免出现化验结果不准确的现象与不必要的损耗，需要严格按照器材各自的特点加以妥善保管，并确保其清洁。

（四）相关化学试剂

在利用化学法化验水质时，为保证化验结果的准确性，需要运用相应的分析纯试剂。要想有效地化验分析水质，一般都会将优级纯作为化验试剂，但这对于配制的精准度和试剂的存放条件等的要求都是非常高的。

（五）化验设施与工作环境要求

在水质化验过程中，为保证水质化验分析的质量，就需要对化验设施与工作环境进行严格的规范控制，应定期保养相关的化验设施，保证化验设施的齐全。为保证温、湿度等化验环境因素能够达到规范要求，还要保持良好的设施工作环境。

水是生命之源，与人们的生产生活息息相关。面对水污染日益严重的现实问题，优化水质化验技术，严把水质化验关是老百姓用上安全水、喝上放心水的有力保障，也是加快我国工业化发展进程的有效保证。尽管我国水质化验技术经过三个阶段的发展已逐渐成熟，但为了满足人们的实际需求还是需要不断地创新与优化。相信通过不断地深入学习与实践，一定会取得良好的成绩，使我国水质化验水平再提高到一个新高度。

第五节　水质微生物安全

在市政工程组成结构中，供水系统属于基础的建设内容，系统的建设质量直接影响了城市居民的生活质量。在城市供水系统的运行过程中，水质供给的安全性一直是社会关注的焦点问题，通过采取措施来优化城市供水系统，对于提高供水安全性，促进城市健康发展有着积极意义。

一、城市供水系统中的水质微生物安全评价内容

目前所饮用的生活用水，主要来源于地下水与地表径流（如江、河、湖等），这些水体中都含有一定量的微生物，这些微生物会对人体健康带来非常大的影响，尤其是一

些致病病菌，如大肠菌群、埃希氏菌含量、克雷伯菌种等。对此需要做好水质微生物的安全评价工作，具体的评价内容包括以下几部分。

（一）大肠菌群数量

大肠菌群一直存在于人体当中，适量的大肠菌群可以促进人体消化，但是如果菌群数量过多，则会给人体健康带来不良影响。结合以往的试验可以得知，在周围环境与人体环境相接近时，大肠菌的繁殖能力会保持在旺盛状态，这也意味着在短时间内菌落数量会快速增长，从而产生一些有害物质，如革兰氏阴性无芽孢杆菌会释放出酸性气体，影响到肠胃的正常活动。在对大肠菌群进行检测时，一般会采用 HPC 检测法，根据培养基培养出的菌群特征和数量，从而确定水质中此类微生物的具体含量，明确饮用水的安全等级。同时根据检测结果还可以对污染物的来源进行客观分析，以确定相应的治理措施，提高饮用水的安全性。

（二）耐热大肠菌含量

在大肠菌群中，耐热大肠菌属于常见的菌落结构之一，该菌种具备较高的耐热性，能够在动物的粪便中生存并完成繁殖工作，经过水循环系统，此类菌种也会进入水体环境中。因此，该菌种的含量也是检测过程中需要进行检测的重点。耐热大肠菌的出现，会增加水体环境中致病菌和寄生虫的含量，在进入人体后，会对肠道内壁造成破坏，从而引起相应的并发炎症。与大肠菌群的检测方法类似，也会通过 HPC 检测法对菌种进行培养，随后对其进行定性分析，以此来确定水质的情况。

（三）埃希氏菌含量

相比于大肠菌群，埃希氏菌对人体的危害性相对较大，是进行安全评价的重点内容。此类病菌的显像特征为棒状结构，病菌的直径保持在 $1.1 \sim 3.0\,\mu m$ 之间，该病菌的生活习性属于独立繁殖。相比于普通大肠菌，埃希氏菌具备一定特征的荚膜结构，并且该病菌属于兼性厌氧菌，可以在有氧或无氧状态下进行正常的代谢活动。在对其进行检测时，可以选择微生物培养基法，一旦发现水质中存在此类致病菌，那么也需要及时采取措施来优化水质质量，以降低此类病菌所带来的负面影响。

（四）细菌总数

除了上述应用内容外，对细菌总数进行检测，也属于安全评价过程中非常重要的内容。待检测水体环境中的细菌总数，会直观地反映出水质的净化程度。水体环境中含有的细菌种类较多，为了提高细菌种类、数量的多样性，也会根据不同细菌的繁殖生长环境，组建相应的培养基，以此来准确地确定细菌总数。根据检测结果来调整消毒、净化方式，以此来降低水体环境中的细菌浓度，提高城市供水的安全性。

二、供水系统中水质微生物安全问题分析

饮用水安全的首要问题就是水中微生物指标的安全问题。水中微生物的超标，是现今供水行业保证供水安全首先要解决的问题。常规的水处理方法不能有效去除遭受轻度污染的水源中的有机物及藻毒素类物质，这就难以保证供水的水质符合饮用水的标准要求。通过研究发现，在水处理中采用活性炭技术可以将水中的微量有机污染物和水体消毒产生的副产物有效去除，这对供水管网的水体中生物稳定性的提高有积极作用，因此活性炭工艺在城市供水的处理上被加以应用，为饮用水的安全发挥了作用。但是，也有部分未被灭活的细菌包括病原菌在内的微生物可在活性炭颗粒上被吸附从而受到活性炭的保护，这样就使得氯的消毒效果降低，很多微生物进入管网在管壁上存活下来，造成水的二次污染。因此，活性炭技术也具有一定的局限性，使得供水二次污染的控制问题显得更为重要。

三、提高城市供水系统安全性的相关措施

（一）做好水质分段检测工作

通过做好水质分段检测工作，能够及时发现水质问题较为严重的区域，采取针对性的措施进行处理，以减少处理成本的支出。城市供水系统的覆盖区域面积较大，并且所使用的水体资源类型也存在较大的不同。针对此类情况，在实际应用过程中，可以结合具体的自然环境，设置分段测试目标，提高检测内容的细化程度。例如，可以在异化情况比较严重的区域设置检测点，收集相关的数据信息，借助云计算技术、大数据分析技术对检测数据进行分析，从而确定该区域的水质情况，分析具体原因，如消毒方法不对、管网老化等，制定相应的处理措施，借此提高供水系统的稳定性。

（二）引入新型管网结构

通过引入新型管网结构，可以减少细菌附着所带来的负面影响，提高管网运行过程的可靠性。以往所使用的管网结构主要以钢管为主，在长时间的使用过程中，管道会出现锈蚀的情况，这也为微生物的附着提供了环境，尤其是大肠杆菌非常喜欢生活在铁离子含量较高的水体环境中，这也会导致水体内大肠杆菌含量的增加，影响水质的应用质量。因此可以将传统钢管的结构进行调换，使用PVE管作为供水管道，此类管道耐腐蚀性、洁净程度较高，可以减少微生物附着情况的出现，进而提高系统运行过程的可靠性。

（三）提高管路设计水平

通过提高管路设计水平，可以减少微生物聚集情况的出现，提高生活用水安全性。在实际应用过程中，如果没有特殊情况，供水系统应保持着水平运行的状态，即减少弯道结构的出现。弯道结构会为微生物的存留提供条件，在长时间使用后，也会导致弯道处形成微生物菌落，污染生活用水。如果必须要设置弯道结构，应确保弯道处的平滑性，减少微生物的立足位置，从而提高整个系统运行过程的可靠性。

（四）更新水质检测方法

通过更新水质的检测方法，可以提高水质检测效率，提高检测结果的准确性。在实际应用过程中，可以借助信息技术搭建信息采集平台，在大数据技术的帮助下，对每天市场中更新的数据信息进行筛选。如果发现可行的检测技术后，可以对该技术的适用性、经济性进行分析，同时组建对照试验，通过对比实验结果来确定是否选择该技术，以丰富水质检测方法的多元化。

综上所述，做好水质分段检测工作，能够及时发现水质问题较为严重的区域；引入新型管网结构，可以减少细菌附着所带来的负面影响；提高管理设计水平，可以减少微生物聚集情况的出现；更新水质检测方法，可以加快水质检测效率。通过加强水质安全评价，不仅可以提升水质检测结果的准确性，而且对于提升供水的安全性有着积极作用。

第六节　水质二次污染的原因

一、二次污染对城市供水系统水质的影响

安全可靠的水质供应在现代城市的经济建设和居民生活中具有不可替代的作用和意义。随着城市居民生活水平的提高，人们对生活用水的质量也提出了更高的要求。在这一背景下，我国陆续颁布并实行了《城市供水水质标准》（CJ/T206-2005）、《生活饮用水卫生标准》（GB5749-2006）等政策规范，为确保供水系统水质的安全性提供了有力的依据和保障。目前，我国各大城市的供水系统中，出厂水质检测合理率已达99%以上，很多相关指标往往大幅度低于限值，水质浊度也符合标准。然而，城市居民用水的安全问题依然存在，如水质颜色偏黄、浑浊不清、有悬浮物等。一些追求生活品质的家庭，已由烧自来水转为烧饮用桶装水，在很大程度上增加了生活成本。出现上述问题的原因，主要是由于供水系统在水的输送中产生的二次污染问题。

依照相关标准，水质的安全主要包括无机、有机毒害物的种类与含量，以及供水的放射性指标和生物安全指标。这些指标虽然在水厂的总出水口得到检测并显示为合格，但在庞大的地下管网中，出厂水须经过一个漫长而复杂的运输过程。尤其是在大城市中，这一管线的长度动辄十几公里，出厂水往往在管网中滞留 24h 以上方能到达用户终端，在庞大而复杂的地下管网中，水质发生了一系列的理化、生物反应变化，直接导致饮用水水质的降低，并给居民生活的方面带来了不便。因此，相关工作者应对造成城市供水水质二次污染的各项因素进行广泛而深刻的分析，有针对性地制定预防和治理的措施，有效提高供水水质，确保城市居民的用水安全。

随着城市生活水平的日益提高，人们对城市供水的安全问题越加重视。目前，我国城市居民用水是通过二次供水来实现的，即在对自来水进行一定的技术处理之后，使其出厂时的各项指标均达到《国家生活饮用水卫生标准》的规定，而后经过储存、消毒等程序，使用管网配送至各家各户。二次供水的最大问题在于，出厂水质的各项指标均符合国家要求，但到了居民用水时，各项指标却有所下降，并伴有水质浑浊、水色泛黄等现象。究其根本，就在于出厂水在输送至城市千家万户的路途中受到了二次污染。深究城市供水水质二次污染的原因，并针对具体问题提出具体对策，无疑对于居民的健康、社会的稳定均具有重大意义。

二、城市供水水质二次污染的原因

（一）水体中原有微生物的繁衍

虽然自来水经过净化等技术处理之后达到了国家生活饮用水的各项指标，但绝非完全纯净，仍含有诸多微生物、有机物、无机物等。在将自来水输送至用户的过程中，由于路途远，时间久，这些原有的微生物、有机物、无机物等极易进行再次繁衍，产生更多的细菌。新繁衍的微生物对消毒剂具有一定的免疫力，表现出顽强的生命力，不易被轻易消灭，这就致使终端自来水中微生物的数量增多，水质遭受二次污染。

（二）供水管道或水箱的影响

就供水管道对水箱的影响而言，从我国城市供水管网监控点的检测数据可知，出厂水质的平均值符合国家的各项指标，但最终水质各指标的平均总合格率却为98.52%，比出厂水质的各指标下降了 0.88%。这也就证明了通过管道运输，城市水质受到了相应的二次污染，水质下降。而管道影响的关键则在于材质，供水管道的常用材质有如下几种。

第一，金属管道。金属供水管道以钢管、铁管等居多，它们是以前城市供水的主要材质，但却易于与保证供水卫生的添加物氯发生化学反应，形成沉淀、结成水垢、腐蚀管壁等。日积月累，生成物增多，管道截面变小，一旦水流加速，管壁上的沉淀物便脱落至水中，造成水质的二次污染。

第二，塑料管道。相对于金属管道而言，塑料管道轻盈、便捷，具有较强的耐腐蚀性和抗压性，是输送自来水的良好选择。常用的塑料管道主要有聚乙烯管、聚氯乙烯管、聚丙烯管、玻璃纤维增强树脂塑料管等，这些材料在与水接触的过程中会渗浸出相应的化学物质，对水产生一定的污染。

第三，混凝土管道。此类管道在城市排水系统中有着较广泛应用，且因其耐腐蚀、强度大，使其在城市供水管网中也有着一定的运用。美中不足的是，迄今为止，仍未有专门的生产机构来监制、生产混凝土管道衔接部位所需要的诸如三通、弯头等重要配件。这就致使衔接部位的材质与其他地方有差异，从而污染水源。

就水箱对水质的影响而言，目前我国城市供水水箱的材质绝大多数为钢筋混凝土，材料粗糙，极易生长青苔；封闭性不佳，空中尘土、飞虫等随时可进入水箱，污染水质。

（三）供水系统管理不当

对所有城市供水系统进行统一的有效监管，是保证水质卫生安全的必要前提。然而，目前我国供水系统在管理方面却存在督导机构缺失、管理部门冗杂的现状。

第一，在卫生监管方面，合理、系统的水资源卫生管理制度尚未建立。这也就意味着没有专门的独立机构对水资源卫生状况进行督察与检验。基于此管理的漏洞，部分城市的供水单位放松供水卫生要求，无视卫生安全，诸如在供水池旁堆砌杂物、供水池口未设防护、供水池盖缺失等现象屡见不鲜。更为严重的是，供水箱内不能得到定期的及时清洗、消毒，水源的基本卫生条件无可靠保障。依据科学的卫生标准，城市居民用水的供水箱的清洗周期应至少为半年，而目前我国多数供水单位所能做到的清洗时间间隔为两年至三年，与标准要求相差甚远，这就为水质的二次污染提供了可乘之机。

第二，我国供水管理部门冗杂，权责不明，分工不确，对城市供水缺乏统一的规范管理。在我国，对城市供水的管理是分部门来实施的，涉及的部门众多，但管理的主体地位却并未明确，这就导致缺乏强有力的领导部门来带领各单位形成合力，凝聚向心力。同时，各部门也存在着资源分配不均、权力分散等问题，使得城市供水水质的卫生监制、资源控制、二次污染等难以得到全盘考虑、实地实施。

（四）城市供水法制不健全

有法可依是我国各项事业得以顺利进行的可靠前提。目前，我国城市供水二次污染的现象频频出现，除了无法克服的技术、条件限制之外，尚未健全的法制体系也是重要原因。

截至目前，我国已经颁布的关于水资源的法律主要有《中华人民共和国水法》《中华人民共和国防洪法》《中华人民共和国水土保护法》《中华人民共和国水污染防治法》等，它们是依法治水的根据所在。其中颁布于2002年的《中华人民共和国水法》可以称为水资源管理的根本大法，涵盖了诸如水资源的开发、管理、利用等方面，但是对城市供水方面的规定则涉及不多。真正专门针对城市供水的法律还未出台，仅有相关的法规即《城市供水条例》，且此法规颁布于二十多年前，并未随现代社会的发展与城市的演进而更新，在遇到一些城市供水水质二次污染的新问题、新状况时，其适应性有待商榷，可行性也并非完全合理、有效和科学。这种城市供水法制的不完善，导致的后果有：供水单位放松标准，在注重经济利益的同时，忽视了水质质量；监管机构督察不力，对水质二次污染现象视而不见，却可以逃避应有的法律责任；居民的用水卫生状况令人担忧，却投诉无门，得不到法律的有效保护。基于此，城市供水法制的建设迫在眉睫，任重而道远。

三、城市供水二次污染的治理措施

（一）提高出厂水质

出厂水质的稳定性差是造成水质二次污染的重要原因。维持水质的稳定可采取多种措施，国内外很多国家都规定出厂水体中的高门酸盐、AOC和BDOC指数的限值，其根本目的是为了有效控制管网中细菌的繁殖和污染。细菌等微生物的生长需要适宜的pH值，因此，为了抑制细菌等微生物的生长，应将水的pH值控制在 7～8，从而有效控制细菌的生长。同时，可提高出厂水的化学稳定性。长期以来，供水单位通过控制余氯的含量抑制细菌的繁殖，但实践证明，余氯并不能完全抑制细菌的繁殖。一些研究表明，氯胺在控制生物膜方面比余氯有更好的效果，它能够穿透生物膜，从而使微生物失活。因此，供水单位要根据技术的发展，采取有效的方式保证出厂水质。

（二）优化供水管道，改进供水管网

优化供水管道的重点是推广新型管材的应用。据调查，目前，我国城市供水管道大部分采用铸铁管，在长期使用的过程中，微生物的繁殖和各种自然作用使管道在较短的时间内便出现腐蚀现象。考虑到小口径配水管对水的压力要求较低，因此，可广泛选用新型供水管道，比如硬聚氯乙烯管（UPVC）、高密度聚氯乙烯管（HDPE、MDPE、LDPE）和铝塑复合管等，这些供水管道表面光滑、无污染、耐腐蚀性较好，适用于建筑物内的冷水、热水和应用水的配送系统。目前，国内很多城市已放弃使用镀锌管，大

力推广新型塑料供水管道的应用。

另外，在推广新型管材的基础上，要加快城市旧管网的改造，选择合理的配水管径。出现供水二次污染的另一个主要原因是供水环节冗长和管网复杂。因此，只有优化供水管网系统、减少供水环节，才能有效地保证水的质量。具体可从以下 3 方面入手：①严格按照相应的规定铺设供水管道，缩短水流在供水管道中的停留时间；②采用变频设备调节供水过程，节约能源；③由于近年来使用了无负压供水设备，所以，可减少设置蓄水池量，直接从政府管网中抽水，从而从根本上优化供水管道、减少供水环节。

（三）加强管网的管理和维护

在供水后期，要想避免城市供水的二次污染，保证水质质量，就要做好管理和维护工作。管理和维护工作可分为多个方面，比如成立管网处，将管网分为多个区段，每个区段安排专人管理和维护，发现问题及时解决。此外，还要严格把关二次供水系统的设计、选材、施工和验收；定期清理水箱和供水管网，并采用科学的清理方法，比如单向清洗法、高压射流法、机械刮管法和气水脉冲法等物理清洗法；建立水质检查制度，卫生防疫部门应定期对水质进行卫生监测。

城市供水的二次污染问题关系着人们的用水健康。随着我国对城市供水重视程度的逐渐加深，二次污染问题必将会得到解决。只有做好城市供水二次污染的预防工作，才能保证人们的用水安全。

第四章 城市供水水质安全的保障技术

第一节 二次供水水质保障

针对现阶段城市二次供水管理存在的问题，有关部门制定了相应的改革方案，并取得了显著的成果。因此，为了加大对二次供水的安全管理力度，切实提高管理效率和水资源质量，管理部门要认真分析在管理制度中存在的问题，以保障二次供水水质为基本目标，结合实际情况并应用先进技术，为我国二次供水行业的发展奠定基础。

一、城市二次供水的主要方式

（一）变频供水

变频供水系统的运行比较稳定，装置和设备的运行原理比较简单，便于日常的管理和维修，占用上层建筑的面积较小，且消耗的能源较少，具有良好的节能减排效果。但是此方式需要应用市政管道将二次供水产生的压力转移到水箱中，这样则浪费了原有的压力，并且在应用此供水方式时，如果管理工作不到位或没有及时清理存在于水箱中的污染物，将会造成严重的水资源污染和环境污染，水泵之间的切换还会导致二次供水系统的波动。

（二）无负压设备供水

此供水方式能够直接连接各种市政管道，并且水资源在管道内运输的时候不会形成压力波动，进而充分利用了管道内产生的压力，实现了密封二次供水系统的目标。这种供水方式能够在最大限度上保证二次供水的水资源质量，节约建设面积。由此可见，在现阶段城市二次供水工作中，此方式的安全性和运行效率最高，具备大规模扩展和应用的潜力。

二、二次供水管理中存在的问题

目前，城市二次供水运行系统的建设和管理工作由当产权单位全权负责，另外有一部分经过房改的老旧住宅区，这些地区的二次供水系统管理权利则转移到了业主手中。在长期没有物业管理的情况下，这些地区的二次供水系统不能与时俱进地发展。在由专门管理部门承包的二次供水管理过程中，存在着水质污染、储水设备清理不到位、消毒体系不完善等问题。现总结城市二次供水系统中存在的问题如下。

（一）建设标准不完善

由于我国的二次供水建设标准不够完善，其中的设施建设和设备运行缺乏规范的技术指导与行业规定，进而出现了技术设计方案完善程度不高、设备选型标准较低、设施安装效率较低等问题，这些问题的存在让二次供水的效率和质量没有办法得到全方位的提高和保障，导致一些设备在运行一段时间后就会出现实质性的问题，增加了管理部门的维护成本。另外，部分管理部门没有申请二次供水的批准文件，直接将二次供水系统和原有的供水管道连接起来，对公共管道造成了严重的污染，同时也影响了附近居民的日常用水。

（二）管理工作的难度加大

二次供水体系的管理范围较为广泛，但大多数管理部门所具备的管理效力和资源数量并不能满足二次供水体系的实际需求；物业公司等管理部门缺乏专业的管理经验和技术，所具备的维护供水系统能力更是参差不齐；部分老旧住宅区的二次供水系统更是面临着产权不明和无人管理等问题，水质污染和供水系统问题无人解决等现象更是频繁发生。另外，如果二次供水系统的封闭性不强，或者是消毒和清理工作不到位，还会发生细菌感染和微生物泛滥等问题，进而影响二次供水的质量。

（三）管理工作缺乏资金保障

城市二次供水系统的管理工作需要大量资金，但是部分地方政府对管理工作的重视程度不足，缺乏对管理部门的资金支持，不但不能满足基本的管理需求，还不能为新项目的开发提供资金。代管理单位在接收管理工作时，同样处于缺乏资金的局面，降低了企业员工工作的积极性，进而降低了供水系统安全管理的效率和质量。

三、水质保障和安全管理的方式

（一）改善供水设备

1.提高设备的节能效果

目前，大多数城市的二次供水设备采用的是三相异步电动机，应用变频调速的方式来控制设备运行，这种调控方式并没有完全实现节能减排的目标。为此，技术人员尝试将永磁电动技术应用在水泵电机运行过程中。目前，该项目正处于研发阶段，应用成功后将实现水泵工作效率的大幅度提升，并且具备显著的节能效果，为二次供水系统的技术改革提供了新的方向。

2.提高设备的水质改善能力

现阶段二次供水设备采用的涉水材质多为不锈钢，在最大限度上实现了供水系统的密封运行，避免在二次增压过程中产生较多的污染物质。但是当二次供水管道中的水质达不到标准要求时，这类设备将无法进行水质改善工作。为此，技术人员需要研发出一种先进的处理方式，并且要确保此项处理方式能够较大范围地应用在二次供水系统中，进而提高水质的质量和处理效率。目前，技术人员为了提高设备的水质改善能力，将膜技术和无负压设备应用在了供水系统中，并取得了初步的应用效果。

（二）完善供水系统的管理制度

二次供水系统中存在着诸多问题有待解决，这些问题产生的根本原因是供水系统的管理制度不够完善，大多数管理部门为了节省管理费用雇佣不专业的清洗团队，导致供水系统的清洗效果难以得到保障。为了改善上述现象，主要管理部门需要在二次供水行业中制定完善的管理制度，自来水公司应当担负起管理制度改革的重任，具体的完善方式如下：首先，管理部门要配合城市的公共供水系统，优化其中的管道和设施，提高系统运行所带来的经济效益；其次，有针对性地在二次供水系统中安装水箱，并且要控制好进水时间，预防系统压力波动较大等问题，在保证水箱压力的同时，还要保证系统的总供水量；再次，要定期清理，并且要保证清理效果，以此来保障加压用户的水资源质量，按时维护供水设备，及时修补破裂管道，提高供水设备的稳定性；最后，在大规模的管理中，管理部门可以实行水表抄收到户这一方式，提高管理工作的透明程度，让管辖范围内的居民更加信服。

（三）完善供水系统的托管模式

新建立的二次供水系统管理体系要经由质监部门检查和验收，随后在双方协商之后，可将管理工作委托给城市供水单位，来实现对供水系统的日常管理和维护。接收部门需要按照所制定的规范，切实完成管理工作，并且要负责抄表收费等工作。对于已经建立的二次供水系统来说，所有权代表人应当按照相关规定与专业的代管理单位签订管理和改造协议，并且在托管之前，要请质监部门对供水系统进行质量检测。

（四）做好供水系统设施的建设工作

对于新建的二次供水系统来说，在进行建造前，要将全部的建设资料和设计图纸交由负责部门考察，在经过审批后方可开工。在建设过程中，施工团队要严格遵守相关规则，在规范的技术指导下进行建设工作。供水设施在竣工后，要由质监部门进行检查和验收，随后方可正式投入到运行中。另外，管理部门还需要做好设备的消毒工作，结合系统运行的基本情况，制定预备消毒方案，提高消毒清理行为的规范程度。

（五）提高管理人员的专业程度

管理部门要在内部展开业务培训工作，让管理人员的专业水平能够满足供水系统的管理需求，进而实现二次供水系统的高效率运行，定期进行知识讲座和技能训练，让管理人员能够掌握最先进的管理技术和方式，为二次供水系统管理工作提供人力资源方面的储备。

二次供水系统是城市水资源供应体系建设中的关键环节，是实现低耗能供水的要求。近年来，受到建筑模式改变、供水系统管理方式多元化等因素的影响，二次供水环节面临着水质保障和安全管理的威胁。为此，管理部门要联合当地政府，从制度、技术、方式等方面进行全方位的改革，及时发现存在于管理过程中的安全隐患，并加以整改，最终实现安全供水。

第二节　城市供水水质污染风险

获得安全卫生的饮用水是人类生活的基本需求，是保证人民健康的基本条件，是当前群众最关心、要求最迫切的问题之一。保障供水安全是供水发展中备受各方关注的重大问题。近年来，水环境污染事件频发，水源水质日益恶化，短期内难以从根本上好转，而我国饮用水水质标准越来越严格，公众对水质的要求也越来越高。各地应对水污染和供水事件建立预警机制和应急预案，保障供水安全。由于不确定因素的存在，日常安全并不意味着不存在风险，风险的客观存在性决定了发生的可能性，这要求把灾害风险管理的关口前移，建立风险管理上游机制，改变传统以应对灾害发生为主的灾害风险管理模式，确立预防为主的管理机制。目前基于风险管理机制视角应对水质危机还没有形成风险管理体系。分析供水安全存在的问题，建立健全风险管理体系，提高城市供水对环境变化的响应度，保障饮用水安全卫生十分必要。

一、城市供水水质安全、危机及风险管理

城市供水安全 (Safety and Security of Water Supply) 有两层含义：safety 指供水水质在长期使用过程中所带来的缓慢累积健康风险，是供水在自然资源属性上的安全性；

security 指自然或人为突发事件造成的危害，是社会属性上的安全性。自然资源属性上的安全和社会属性上的安全相互联系，且对应四类供水危机：由暴雨、干旱、地震等自然灾害引起的自然灾害型危机；由突发性水质污染事故、内源性水质恶化、供水工程遭破坏造成的事故型危机；由战争、罢工、疾病、恐怖活动等造成的社会型危机；由政府管制和企业不科学行为引起的管理型危机。危机管理包括事前管理阶段、实时管理阶段、事后管理阶段。而风险是对某一问题的有害影响进行衡量，评估和告知某一特定过程所带来的益处与其伴随的危险的对比关系。斯凯柏指出，风险管理指通过对风险的识别、估测、评价和处理，以最小成本获得最大安全保障的一种活动。事前风险管理与评估是危机管理的前哨和第一道防线，通过对风险识别、衡量和控制，预防危机、规避危机、阻止危机发生，或以最低成本使危机所致的各种损失降到最低。

供水水质安全既取决于水源水质，又取决于水厂制水工艺、供水设施条件、供水管网输配系统、供水外部环境渐变与突变等因素。针对涉水环节，充分预测在未来不确定条件下自然社会过程是否发展，出厂水送入管网，输送过程是不可逆的，需各单元的质量保障。对城市供水生产供应服务各环节影响因子进行分析评估，找出各环节所面临的所有潜在风险，并根据发生概率的大小排列处理的顺序。供水质量保证环节包括：原水及制水原材料、水处理单元工艺、储存输配送供应、外部环境等。

二、城市供水水质风险管理 5 步骤模型

风险管理的基本程序是：风险识别、风险评估、风险评价、风险控制和管理效果评价，建立风险管理坐标风险等级运行体系等。

（一）风险识别

风险事故发生前，识别所有可能对水质产生负面影响的风险，即首先识别不确定性从何处来，再分析其影响。通过识别工具和方法发现存在的不确定性，分类列举各种风险，搜集引起风险事故发生的因素，以及风险事故发生时导致损失增大的因素。风险识别的方法和工具有：制水工艺流程法、可行性研究法、安全检查法、事故树法、环境风险评价法等。

（二）风险衡量与评价

在风险识别的基础上，运用概率论和数理统计方法，对风险事故的发生概率和损失严重程度进行定量分析和描述，确定风险大小。根据国家规定的供水水质安全指标或社会能够接受的安全指标，确定风险需要处理到何种程度。如水库突降暴雨出现高浊水，水厂要处理到人们感官能接受的国标 3NTU，暴雨—高浊与水厂处理能力，通过历史数

据测评水处理的风险。在识别风险并综合考虑损失频率、损失程度及风险因素的基础上，分析风险影响并与安全指标进行比较，确定风险等级。风险评价方法有：优良可劣评价法、道氏指数法、可靠性风险评价、权衡风险法等。

（三）建立风险管理等级坐标运行体系

根据供水管理自然和社会的特性，将水质安全四类水危机具体细化到供水环节，对风险评估排序，分五类4级进行管理。五类为：水源水质风险、供水生产供应环节水质风险、政府水质监管与企业不科学行为引起的管理型风险、二次供水及用户侧风险、其他风险等。

分析风险期间的长短影响了风险管理。比如分析30 a，风险系数是强度分摊到30 a期间内，并不意味着某汛期的风险系数小。水质风险管理与年、季等时间序列关系密切，如干旱年、洪灾等，风险特性决定对其管理要科学划分风险管理期间。风险系数划分应是综合性的，涉及工程、管理、环境、经济、社会政治和信誉等风险。管理中不断地调整风险系数，日常管理重点依靠风险强度进行管理。

（四）风险管理决策与实施

针对风险性质、大小，采取科学的处理手段和方法，控制和预防风险，在损失形成前防止风险事故的发生，以及抑制损失继续扩大，达到减少损失概率、降低损失程度、使风险损失最小的目的。因风险管理具有多目标性，其措施是综合的。

（五）风险管理效果评价

风险决策并执行处理后，需对其效果进行检查评价，并不断地修正完善风险管理对策，调整决策模型，实施动态风险管理。

三、城市供水水质面临的风险

（一）水源水质风险

水源安全是饮用水安全的基础。水源是城市供水的原材料，涉及城市供水水质风险带来的水质安全四类危机。因量引起的风险：水源水量与水质相依存，水质风险主要包括地震、特大暴雨洪水等自然灾害引起的水质浑浊、有机质等原水水质突变；干旱导致水量达死水位，或水量少引起藻类暴发等，封闭或交换性能较差的水体产生地问题更加突出，水厂工艺设施无法处理。因水质引起的风险：农业施肥、村舍污水等引起的非点源污染；厂矿企业排污引起的点源污染；化学物质在生产、运输和使用过程中不可避免地进入饮用水源、突发事件引起水污染事件等。对于水污染问题，风险与污染物衰变的不确定性相关，地表水污染往往是突发事件，地下水污染的持续时间长，有时所造成的破坏具有不可逆性。水环境健康风险评价主要针对水环境中对人体有害的物质，这些物质分两类：基因毒物质和躯体毒物质，保证水源自然属性上的安全性，需管理这两类风险。

（二）供水生产供应环节的水质风险

1. 水厂设计风险

水处理工艺设计标准针对一定原水水质，未来水质标准、原水水质是变化的，因而存在设计风险，需考虑一定投资与安全度的经济风险。

2. 水厂运行风险

制水工艺单元存在水质风险，搞好过程质量控制可降低过程风险；使用药品等原材料、涉水设备存在质量风险。

3. 水质检测对生产环节的反馈执行风险

比如水处理工艺过程存在加药风险，水污染和致癌风险问题中较矛盾的是氯，氯是被广泛使用的饮用水消毒剂，对控制通过饮用水传播的传染病能起到巨大作用，但产生致癌消毒副产物。《生活饮用水卫生规范》中"确保居民终身饮用安全"，要求饮用水中控制近期和远期危害健康的污染物。保障管网末梢的消毒作用，保持管网免受二次污染和强化消毒可有效减少管网中微生物的繁殖生长。

（三）二次供水及用户侧污染风险

原水经净水厂处理，从水厂进入城市管网，出厂合格的饮用水，需要供水管网和用户需求侧传输路径的水质安全保障。水质风险存在程序性：审核二次加压水池设计、运行清洗消毒、用户侧管道材质是否优质耐腐蚀等环节。如储水池容积过大，水停留时间过长，或存在死水区，会导致微生物繁殖，出现腹泻等群发性疾病。

（四）政府水质监管与企业不科学行为的管理型风险

水源水质监管涉及环保、国土、水利、地质矿产、卫生、城乡规划建设等部门，监管主体多元化，没有监管责权分界面，监管客体模糊，责任不清。监管主体多元化，忽视水资源开发使用者的自我监控，存在管理型风险。政府对水源水质监管科学与政策的松紧力度，是水源水质风险大小的可控型风险因素。如水功能区划与跟踪监督管理不科学引起的非点源污染风险、执法不力引起的点源污染。政府水质监管主要有政策失误风险，部门信息不对称和信息孤岛风险，政策执行不力和政策本身多方监管博弈产生的管理越位、缺位风险，道德风险。生活饮用水政府监管同样存在此类风险。

供水企业的不科学行为引起的管理型危机最严重的是决策风险。供水工艺论证决策失误，可导致制水水质降低；供水调度决策不当可引起大面积水发黄、发浑等水质事故；

重大水污染决策控制不力，事故处理决策拖延或错误导致损失扩大、社会影响深远等。供水环节质量控制、制水工艺及用水户水质信息的传输渠道、制水环节管理是否精准等，都是水质风险因素。比如水池排气孔牢固加锁管理细节就极大地降低了投毒风险、管网漏水排查和末梢放水清洗管理降低污染风险等。

（五）其他风险

1.突发事故风险

突发性水质污染事故、供水工程遭破坏的风险;恐怖活动、战争、罢工、疾病等风险。

2.组织性风险

组织成员风险意识和风险管理组织体系缺陷。

3.预警及应急预案风险

应急预案联动实施及替代方案的可靠性风险等。根据 5 步骤模型，建立风险管理体系运行图。

四、供水水质风险管理存在问题及对策

对供水水质风险管理采取分类级别管理，重在事前风险管理，预防危机、规避危机、阻止危机发生，以最低成本使风险所致的各种损失降到最低。建议采取以下对策：

优化原水风险预测系统。加强水源的功能区划管理，落实责任，实现饮用水源区管理主体责任制。利用划分区域，风险控制采用“源”控制和“过程”控制降低非点源的污染风险。管理好跨行政区边界的饮用水水源保护区。采取污染物风险优先控制的对策：基因毒物质所产生的健康风险远高于躯体毒物质所产生的风险，基因毒物质为优先控制污染物。建立水源污染监测系统，包括水源上游水质监测、污染来源、污染途径、污染物行为过程、污染发展趋势、突发事件等，监控水体的水质状况，设置风险控制等级；按照时间、空间的发生概率，对风险规划管理。

建立制水环节风险管理机制，设置安全与风险一体化的管理部门，制定风险管理流程。供水规划设计要考虑非传统安全风险。加强现场生产管理，对操作人员定期进行培训考核，安全使用制水设备，减少风险源与环境间相互作用的次数；提高现场监督能力；定期对员工进行安全与风险教育，增强风险防范意识，积累供水水质风险管理的经验，借鉴各地水质危机事件的经验。

构建监管一体化平台。目前水质监管职责分布在多个部门，缺少水质安全责任主体，存在生产与监管内外监测一体、职能交叉、监管缺位、形式多内容少、信息孤岛严重等问题，使水质监管不力。需将水质风险管理纳入城市公共安全防范总体中，建立多部门

的日常风险沟通渠道和制度。

建立风险共担机制。探索水价构成中的风险因素，建立水质风险基金，或将风险成分并入水价基金，保障风险管理和危机处理资金。探索公用设施保险险种和处理规则，转移风险，实现供水企业的可持续发展，比如氯气泄漏事故保险、电力线路故障引起大面积停水事件保险、井盖被盗伤人保险等。加强风险宣传教育，提高市民对水危机的意识。

建立水源储备体系是水安全的长期战略。水、石油和粮食是三大战略性资源，针对各地饮用水源的水质、水量与分布，建立水源储备库。严格控制地下水超采，特别是城市规划区的采水；严格管理功能区用水；建立应急调水供水工程；建立自备井应急统一调水供水细则，提高整体的抗风险能力。

城市供水水质风险管理体系的建立，需要结合各地的自然、经济、社会、环境，特别是水资源和供水环境变化，综合分析相关因素，同时防止风险管理中的路径依赖，积极应对各种风险。虽然城市供水是公共事业，但也要权衡经济、安全、效益与投资风险的关系，比如考虑与风险相关的工程成本和效益变化，进行风险—成本权衡，实现供水风险管理的最优化。

第三节　供水安全性及应急能力

随着我国社会主义市场经济的发展，人民生活水平的不断提高，我国城市供水事业也得到了快速的发展，供水能力大幅增加，供水水质明显提高，供水服务不断改善，供水科技屡屡创新。城市供水企业在保障优质供水、改善供水服务的同时，更应保障供水的安全性，还要在突发各种紧急情况时具有应对措施，特别是技术措施。笔者通过多年的摸索和总结，制定了加强管理、保障城市供水安全的应急措施，力争从供水源头、水厂内部处理工艺及供水管网三个方面，对城市供水安全及应急能力措施进行管理，效果显著。

一、从供水源头上，保障城市供水的安全性

在新型冠状病毒性肺炎这一特殊时期，为保障城市供水的安全性，应从城市供水源头上，加强对水源地的管理和保护，以预警为先、防范为主，力保供水水源地的安全。城市饮用水一级保护区内应增加预警监测的频次，以城市水源地应急净水技术手册为指导，以不断完善应急预案为保障，不断提升城市水源地应对水质突发事件的能力，力争

城市水源地的水质不受污染。

加强水源地的巡查力度。认真做好饮用水源地取水口和水源地内黑池、柳池水质监测及在线仪表的维护、校准、比对和分析工作，强化水质安全防护，清除垃圾、枯枝败叶等污染源，保持环境卫生，及时消除污染隐患，严防严控水质污染，同时利用消毒药剂对周边环境进行消毒灭菌，特别是对于污染的口罩，要采取焚烧等措施安全处置。确保在疫情期间水源水质的安全，并及时向有关部门通报相关水质变化，同时还加大保护水源地的宣传力度。水源地巡视主要采用步巡、车巡和水域快艇巡视相结合的方式，通过巡视人员说服、巡视车辆广播等形式劝导当地村民及外来人员不得破坏饮用水源地的防护隔离设施、标识，不得向水源地丢弃垃圾、废弃口罩等，及时劝离饮用水源地周边垂钓等闲散人员，发现有随意丢弃垃圾、废弃口罩等行为应及时制止、及时清理，保障水源不受污染。

加强城市水源地应急措施准备和预案演练工作。积极做好各项水质异常情况下的应急措施，做好常规工艺强化措施的实施，做好水源、水厂、供水管网水质异常情况下的应急处置。为提高指挥和救援人员应急管理水平和专业技能，应建立应急队伍，以增强应急处理的实战能力，定期组织人员进行培训，并根据实际情况进行突发事件的应急救援演练工作，总结经验。

加强水源地的卫生防护，提高原水水质，不断加强和完善水源卫生防护三级管理制度。加大对水源地巡视和供水渠道、管道的巡视力度，修订和完善巡视制度，细化巡视计划，做到定点、定时、定人员，防止污染进入供水渠道；强化水源地的水质监测，查找隐患，掌握污染源的水质状况，提出应对方案和改善措施。每半年对水源地各供水点进行一次详细的水源调查，建立详细的污染源台账。掌握水质的变化状况，为水资源的优化调度提供依据，实现水质社会效益优先、兼顾供水效益的调度准则。

加强水质预警监测系统的建设。编制城市水源地供水水质预警监测和应急处置系统规划，并积极推动实施。建立完善以水质在线监测技术为核心的水质预警监控系统和以水源、水厂净化、供水管网安全输配环节为一体的水质预警系统，进一步提升应对水质突发事件的能力，做到早发现、早处置。

不断提高城市供水水源地水质的应急能力。及时做好供水水源地、水厂、供水管网各基层单位水质信息的互通和应急指挥调度。遇到饮用水水质污染或不明原因的水质突然恶化等情况时，应严格执行事故报告和处理程序，并立即启动安全供水应急预案，及时布控，查明原因，进行有效控制，避免形成水质恶化影响事件。

二、优化处理工艺流程，确保供水的安全性

（一）加强常规水厂处理工艺流程的运行管理，最大限度地降低出厂水浊度

针对现行的"混合—絮凝—沉淀—过滤"的常规处理工艺，当滤后水浊度低于0.3NTU 时，USEPA 认可病毒的去除率为 2 log（即 99%）。即可通过降低滤后水浊度进一步提高对病毒的去除率，而现行的超滤工艺则需要强化消毒工艺，确保 4 log（99.99%）病毒灭活率；对于仅采用氯氨、二氧化氯或紫外消毒的常规处理工艺水厂，建议强化处理工艺对浊度的去除，同时根据我国标准，增加自由氯的消毒，适当提高出厂水或管网的氯氨或二氧化氯余量，可以提高病毒的去除率。对于含有氨氮的原水，建议强化去除氨氮、提高投氯量达到折点后用游离氯进行消毒；或者采用臭氧与氯胺组合进行消毒。采用自由氯或臭氧消毒的常规处理工艺对病毒的总削减率一般为 4 log（99.99%）以上，达到了 USEPA 病毒去除标准。

（二）强化水厂消毒工艺流程，确保供水管网的余氯量

病毒是水中的病原微生物。根据世界卫生组织（WHO）*Guidelines for Drinking-Water Quality* 第四版，饮用水中健康风险高的病毒包括肠道病毒、甲肝病毒、戊肝病毒、轮状病毒、诺如病毒和札幌病毒等，健康风险适中的病毒包括腺病毒和星状病毒。因此城市供水消毒工艺是饮用水处理中的重要环节，也是有效去除病毒的关键，我国现行的《生活饮用水卫生标准》（GB 5749—2006）中对消毒剂种类、接触时间、出厂水的高低限量、末梢水中的余量均有明确要求，这保障了出水微生物的安全；标准中高低限值的区间范围较大，疫情期间消毒剂的投加，可在平时投加量的基础上适当提高，特殊地区可按照上限要求投加。同时应加强对出水微生物指标及管网、末梢余氯的检测。二次供水区域需更加注重管网中的余氯量。

（三）严格把控原水质量内控标准

按照水质安全优先、兼顾效益的原则，在保障供水水质安全的前提下，优化成本，进一步加强对原水水质的监测与控制，优化原水结构，保证供水水质的安全。为提高出厂水的浊度指导值，适当提高各水厂出厂水的浊度指导值，规定各水厂的出厂水浊度指导值不超过 0.1NTU，管网水浊度指导值不超过 0.3NTU，力争出厂水浊度达到指导值标准，从而保障城市供水的安全性。

（四）加强对水厂净水的运行管理

科学管理确保关键运行指标符合要求。把监控原水变化和降低浊度作为水厂运行的

关键指标，重点监控，强化运行管理，确保水厂消毒，严格按照出厂水余氯标准，保证供水管网中的余氯量达到标准值。加强净水设施的运行管理。严格工艺运行规程、技术测定，认真观测影响运行效果的关键部位。例如，沉淀池出水情况、滤层的含泥量、滤池的冲洗效果。不断地改善水力条件，提高混合、反应的效果，优化工艺运行参数，提高工艺运行水平。做好水质异常的预防措施，实现水质的安全，确保供水的安全性。

（五）在新型冠状病毒性肺炎期间，要加强对水中微生物去除与控制，提高供水检测水平

依据美国联邦环保局饮用水病毒去除技术指南，滤后水浊度在 0.3 ~ 1.0NTU 时，病毒去除率一般为 90% 以上；滤后水浊度 ≤0.3NTU 时，病毒的去除率可达到 2log，即 99%。因此，将滤后水浊度降低到 0.3NTU 以下，最大限度地降低出厂水浊度将有利于提高供水管网的水质，也可以优化以下处理工艺流程；适当增加絮凝药剂的投加量，采取强化混凝与沉淀运行模式；减少瞬时处理量，主要是降低沉淀池的表面负荷。如非 24h 运行的水厂，可暂停间歇时间，实行 24h 运行，将备用净水设备或工艺投入运行等措施降低瞬时处理负荷以提高出水水质，更好地确保城市供水的安全性。

（六）膜处理工艺中，切实保障膜系统的正常运行

近年来，膜处理工艺在我国城市供水中越来越普遍，也越来越受到城市供水行业的青睐，为保障膜系统的正常运行，防止膜丝发生断裂。膜过滤一般按滤孔孔径的大小可分为微滤（10μm ~ 100nm）、超滤（100 ~ 10nm）、纳滤（10nm ~ 1μm）和反渗透（小于 1nm）。新冠病毒大小约 100nm(约 0.1μm)，微滤对病毒的滤除能力相对较弱，应通过加强消毒予以补充；超滤、纳滤和反渗透工艺除浊、除病毒性能优异，出水中病毒去除率保守可达 3log 以上。但当膜丝发生断裂时，会出现病毒的泄漏。运行中应加强在线监测（如浊度）和运行状况的巡查，保证膜设备正常运行，保障膜系统运行效果。

三、采取应对措施，提高城市供水的应急能力

（一）城市供水企业应建立应急备用水源的储备管理体系

建立供水备用水资源要优先使用地表水，减少地下水的开采和利用，对于已有地表水水源地城市，应将地下水作为城市应急备用水源。城市地表水在保障城市饮用水的基础上，适当提高地表水水源地的水库蓄水量，预留备用库容作为城市应急水源，或者两个以上的水库型水源地互为应急水源。对于城市饮用水水源较为单一，在连续干旱年、特殊干旱年及突发污染事故情况下，应规划好城市应急饮用水水源和储备水源，采取应急调水方案、调运应急水源、超采地下水等措施，来提高城市供水应急能力。

（二）加强水源地原水水质、滤后水水质和出厂水水质的监测力度

加强水源地原水水质、滤后水水质和出厂水水质的监测力度，努力提高城市供水的水质预警及应急监测水平。目前公司正积极努力，联合当地环保部门共同建设原水水质自动监测站，监测项目包括水温、pH 值、溶解氧、电导率、浊度、氨氮、高锰酸盐指数、总磷、总氮、氟化物、氰化物、叶绿素、急性霉素、藻类密度等 14 项，项目建成后，将根据监测数据，对不同污染物采用应急处理技术进行针对性的处理。

（三）对有机污染物、金属与非金属离子、还原性污染物的应急措施

对芳香族化合物和农药等有机污染物，该厂主要采用粉末活性炭吸附去除工艺进行应急处理，并采用强化混凝措施。现该水厂已建成炭浆池及投加设备，但由于现场实际条件限制，投加点只能设在水厂原水管道内，由于吸附时间较短，吸附作用不能充分发挥，使用时将加大粉末炭的投加量。应对大多数金属和非金属离子污染物，主要采用碱性化学沉淀法进行应急处理。现该水厂已建成一套全自动石灰投加系统，用以提高出厂水的 pH 值，提高供水水质。

（四）应对病原微生物污染，主要采用氯的强化消毒应急处理技术

应对病原微生物污染，主要采用氯的强化消毒应急处理技术，增加前加氯的投加量和氯的消毒接触时间。对于同时含有较高有机物的情况，加氯容易产生三卤甲烷等有害物质，而且氯的消毒效果也将减弱，需在原水中投加粉末活性炭以吸附有机物，并经强化混凝 - 沉淀去除活性炭后，再加大氯的投加量和消毒接触时间。

（五）藻类暴发引起水质下降，应在反应池前加氯

应对藻类暴发引起的水质恶化，一般情况下，在反应池前加氯，以抑制沉淀池内藻类的滋生，氧化水中的有机物，杀灭藻类，也可以采用高锰酸盐的强氧化作用除藻。城市供水应加强对藻霉素的检测，防止因投加氧化剂而导致藻体内的藻霉素释放超标的情况发生。特殊情况下，应采用高锰酸钾和粉末活性炭联用的投加方案，并根据处理后藻类、藻霉素导致溴物质的浓度的增加对投加量进行调整。

四、强化供水管网的管理与维护，确保供水的安全性

做好城市供水管网的规划和设计工作，依据城市建设总体规划，坚持既立足近期发展需求，又为远期发展预留空间的原则，建立健全合理的供水运行模式。做好供水管网的设计优化工作，重点是按照供水管网流速的技术经济合理性，选择合适的供水管径，以达到出厂供水管和主要输水干管处经济流速范围。按照经济流速选定供水管径，把供

水量、水压、流速控制在合理的范围内，既最大限度地保障城市发展和人民生活用水的需求，又要保证供水管网的合理、经济和安全运行。

有计划地实施供水管网的改造工程。把运行时间长、制约供水"瓶颈"的老旧供水管道、低压区供水管道、易爆裂的供水管道列为供水管网改造的重点，可根据公司运行情况，分期分批进行改造，同时努力做到供水管网改造与城市建设同步实施，尽量减少城区道路中不必要的"开肠破肚"，降低供水管网改造的费用，减少对城市交通、市容环境和市民行走的影响。加大陈旧供水管网的改造力度，逐步更新供水管网，减少输配水过程中的水质污染。同时结合二次供水和一户一表的改造，改善用户供水终端水质二次污染的状况。

严格供水管网施工管理，严把供水管材质量关。给水管道工程施工时，应严格按照《给水排水管道工程施工及验收规范》的规定，重点抓供水管道接口形式、阀门类型、排气排水、管道基础及施工要求的特殊处理、工程质量监理、管道工程的打压试验、给水管道并网前的冲洗消毒工作。在选用供水管材时，应做到选用优质的供水管材、管件，把符合卫生要求、阻力小、能耗低、强度高、韧性好、使用寿命长、维修量不大和方便操作作为重要指标，并兼顾易于运输、安装、投资经济等综合指标，经过经济比较后确定选用。

强化供水设施的管理维护工作。建立供水管网的巡查工作制度和流程，采取分区与分片负责的办法，把供水管网设施巡查维护工作落到实处。加强日常巡查和记录工作，密切关注使用年限较长，末端用户较多，穿越河道、铁路等区域的供水管网，针对特殊的供水管网，应加强巡查的力度和频次，发现问题及时处理。对消防栓、阀门、水表及水表井等供水设施更应该高度重视。

加强供水管网的检测漏工作，努力降低供水管道的漏失率。近年来，公司组建了供水管道检测漏团队应加强供水管道检测漏队伍的建设，提高供水检测漏人员的积极性和主动性，有计划针对性地开展了供水管网检测漏工作，对"超期服役"易产生供水管道暗漏的特殊区段及与污水管沟有交叉的供水管道，加强供水管道暗漏检测的巡查力度。近几年来，通过对供水管道检测漏工作坚持不懈的努力，不断提高供水检测漏的准确率，减少了水资源的浪费，提高了经济效益、社会效益，同时保护了供水管网，避免了供水管网安全隐患的发生。

加大城市供水管网输配水管理的力度。加强供水管网运行管理工作，为确保供水管网合理运行、避免水量大幅变化及阀门操作对供水管网水质造成冲击，在供水管道抢修、工程施工、方式调整等可能影响水质的情况下，实施水质跟踪监测，及时处理隐患，保障供水管网的水质。

疫情期间应加强供水管网末梢冲洗，清水池和蓄水池消毒。饮用水在供水管道输送过程中，由于水中的消毒剂及溶解氧会与供水管道、水中的有机物质发生反应，或者在铁细菌、硫细菌的作用下，发生设施腐蚀与沉积反应，饮用水水质会下降。城市供水管网的末梢水，由于流动性较差、管道内冲积物较多，供水管道内微生物增殖现象严重，在压力波动较大时，流向一旦发生改变，会造成供水管网实质的恶化，严重地影响居民的生活用水需求。在新型冠状病毒肺炎疫情期间，应组织专职人员，定期对供水管网末梢水进行排放，对清水池和蓄水池进行消毒，切实保障城镇供水的安全。

水源的污染存在于很多供水人无法预料的多种污染物中，水源污染严重、生态恶化现象还普遍存在，这就要求城市供水行业在疫情期间制定城市供水应急防范措施，做好相关水源地的管理和保护、强化水厂的水处理工艺流程、加强城镇供水系统（从水源、自来水厂到水龙头）的疫情防控、保障饮用水安全。特别是微生物的去除与控制，防止供水管网的二次污染。制定城市供水应急能力措施，来提高城市供水的水质，更好地保障城市供水的安全。

第四节　供水末端水质保障

在现代化社会的发展中，社会各界越来越关注饮用水的水质问题，饮用水安全保障逐渐得到人民群众的高度重视，其主要内容是水源水、净水厂、市政管网系统，还涉及城市供水末端水质保障系统。为了确保饮用水的安全，相关部门必须建立健全城镇供水末端水质保障体系，设置多级屏障，实现"从源头到龙头"的总体目标。基于此，本节介绍了城镇供水末端水质现状，分析了城镇供水末端设施的复杂性及城镇自来水水质污染问题，总结了城镇供水末端水质的保障措施与改善技术。

一、城镇供水末端水质现状

通过分析城市供水质量调查报告发现，城镇地区二次供水合格率只有70%，部分地区的二次供水合格率未达到50%，这些地区的超标指标有浊度、色度、铁、大肠菌群落，造成这一问题的主要原因是末端余氯浓度持续下降，无法发挥出应有的消毒作用。在现代化社会的发展中，社会各界越来越关注供水污染问题，供水污染类型主要是生物污染、化学污染，各种污染问题都不易控制。在各项指标满足国家饮用水卫生标准的情况下，管网输配系统也会受化学、物理、微生物等反应的影响，导致水质出现很大变化，这样就会影响城镇地区供水末端水质。一般而言，城镇供水末端水质会发生化学转化反应，产生的主要后果体现在以下方面：第一，沉积、沉淀结晶等各项化学反应，如细小颗粒物在管壁沉积的作用下，水体中细小颗粒物的浓度越来越高。第二，城镇供水末端水质和管壁基体金属发生电化学反应，导致很多金属的浓度，如水中的铅、锌、铜、铁等浓度越来越高，在长期发展中会形成管壁腐蚀层。第三，管壁溶出的金属离子会和水中的一些组分结合起来，生成可溶性络合物，导致水中重金属的浓度持续升高。

在新时期的发展中，很多城镇地区供水末端水质问题越来越严重，引发了一系列饮用水事故，受水质、二次供水设施安全性、水量问题的影响，为人民群众的日常生活带来了很大风险，直接影响着人民群众的身心健康和生活质量。为了有效地改善这一现状，相关部门需要采取相应的措施、改善技术，提升城镇地区供水末端水质，强化水质保障、加大技术研究力度，为人民群众提供高质量的饮用水，以满足大家的实际需求。

二、城镇自来水水质污染问题

相关部门通过检测城镇地区的自来水水质发现，自来水中有几百种物质，既有促进人体健康发展的，又有危害人体健康的。在城镇地区的发展中，自来水极易受外界环境因素的影响，在长期的发展中会形成污染水。例如，在进厂水源工艺处理不到位的情况下，无法彻底清除水中的有害物质；自来水管中含有大量微生物，导致管道中的细菌滋生。为了改善这一现状，供水公司需要采取相应的解决措施，如实行沉淀、过滤的形式去除水中的泥沙、藻类物质，可以使用 PAC 净水剂，但必须对使用量进行严格控制，减少自来水二次污染问题的发生。然而，长期的运行实践表明，自来水管道在运输过程中，会出现锈蚀现象，这种问题是无法避免的，并且会导致微生物会不断生长，造成自来水污染。

三、城镇供水末端设施的复杂性

在城镇供水过程中，一般供水末端需要大量供水设施的支持，普遍使用屋顶水箱、低位水池一体化设施，低水位水池、变频加压供水泵一体化设施。水箱的基本材料一般是混凝土、瓷砖、钢板，很少是不锈钢，还有很多旧建筑中的末端加压供水设施、管材质量无法满足供水水质的实际需求，由于使用时间比较长，出现严重的腐蚀问题，严重影响着供水水质。通过检测小区二次供水末端水情况发现，水质合格率约80%，余氯不合格率约10%，还有很多指标不合格的问题。通过分析住宅小区二次供水情况发现，造成水质不达标的主要原因是水箱材质不满足要求、供水管道老化严重，极易引发二次供水污染问题。在现代化社会的发展中，人民群众的用水方式在改变，生活用水器具具有多样性的特点，供水末端开口越来越多，为水质保障工作带来了很大难度。在建筑类型持续变化、分支分类供水系统快速发展的过程中，供水管路越来越复杂，引发严重的水质污染问题，如造成用户饮用水污染问题的主要原因是处理工艺不合理、输配水过程中出现二次污染，为水质带来了很大的安全风险。并且，在二次供水系统中，相关部门缺乏对水质、水量监测工作的重视，水质监测预警技术发展相对落后、水质水量监测技术管理体系有待完善，导致水质污染带来的危害越来越严重。

在城镇地区供水过程中，二次供水设施是供水的最终保障单元，性能直接关系着用户水量、水质保障、节水效果。我国给排水设施、供水管道材料等仍存在很大不足，具体表现在以下方面：第一，设备生产厂家的技术研发力量薄弱，技术创新能力还有待提升，尤其是创新能力不足；第二，建筑给排水设施市场还需要进一步规范，市场中普遍存在产品质量良莠不齐的现象，如很多供水设备在简单组合后会形成废水、水质污染，我国现有的供水设备性能、技术参数仍需提升，以满足水质水量整体设备的研发需求。现阶段，我国正在开展全国性水价调整活动，很多城镇地区的生活用水水价在不断提升，并实行阶梯水价，为新产品提供广阔的市场空间，有利于给排水设施产业的转型和升级。

四、城镇供水末端水质保障措施与改善技术

（一）建立健全多级水质管理体系

为了有效地提升城镇地区供水末端水质，相关部门需要针对供水全过程，建立健全多级水质管理体系，构建"从水源头到家庭水龙头"的水质安保体系，全面开展水源保护工作。例如，在净水厂的发展中，需要遵循常规处理、预处理、深度处理原则，保证被处理的水质满足居民饮用水要求。在构建城镇供水管网输配系统的过程中，相关部门需要针对全过程进行监督和管理，及时地更新、改造旧的供水管道，定期针对供水设施做好二次消毒处理，并补充、完善现有的二次处理保障制度，全面应用安全管材，为人民群众提供优质的水资源。

（二）完善城镇供水末端水质监控处理制度

在城镇化建设的发展中，城镇居民的生活水平在不断提升，但很多用户都会遇到水污染问题，需要到水源地调研水资源情况，尤其要注重城市末端水质的变化规律、供水质量、污染因素等内容，并进行综合调研和评价，还要深入研究化学、生活安全性，以及水质变化情况。为了提高城镇供水末端水质，相关部门需要建立完善的水质监控制度、水处理制度，加大供水末端监测管理力度，尤其要控制威胁人体健康的各项指标，及时

发现并解决各项问题，避免水质问题不断扩大。除此之外，相关部门还需要建立健全应急处理制度、技术规范，大力研发二次处理技术，建立二次消毒设施、管控系统，有效地处理水中的有毒、有害污染物，确保饮用水生物和化学的安全性。

（三）引进先进的城镇供水末端水质保障技术

在城镇供水过程中，末端水质问题是其中的关键问题，为了有效地解决这一问题，相关部门需要及时改造、更新现有的水质保障技术。但是，在给排水设施市场中，仍存在给排水设备违法、违规现象，很多设备的技术参数、使用性能相对较低，而城镇供水末端需要大量的管材，相关部门缺乏对供水管材适用性、安全性的重视，很难确保城镇供水末端水质，为了有效地改善这一现状，供水公司还需要建立完善的管材、终端水质保障体系，根据设计要求不断完善各项评价技术指标。在现代化城镇供水过程中，末端用户水质净化、控制技术更具多元化，很多城镇地区供水末端用户水处理保障设备在家庭、公共场所的应用越来越广泛，充分反映出居民对水质的高要求，以及对水质的担忧。现阶段，市场中的终端净水器种类越来越多，如多功能过滤、活性炭、消毒、膜滤等，但在使用不合理的情况下会造成严重的水资源浪费、水质二次污染问题。因此，相关部门需要明确城镇用户重点设施的安全性、质量和适用范围，建立完善的管材和终端水质保障体系，以满足用户对水质的实际需求。

（四）增加水质检测频次

为了保障城镇供水水质，相关部门需要增加水质检测频率，严格按照国家水质检验标准，针对城镇地区水资源进行样本采集、检测、分析，根据水源管网末梢水三级水质检测系统、在线实时监测机制、城市供水源头等内容，开展全方位、全天候的检测工作。同时，相关管理部门需要针对不合格的二次供水设施进行整治，大力开发城镇供水保障相关的技术、产品，建立完善的城镇供水末端水质水量监测预警应急管理系统，不断优化城镇供水节水节能设施，切实增加自来水末端检测频次，并定时向人民群众公开公布检测数据。

综上所述，在城镇化建设日益推进的大背景下，城镇居民越来越重视城镇供水系统，这是城镇供水末端饮用水水质安全的根本内容、重要内容。很多城镇地区的供水末端水质问题相对比较严重，相关部门必须进行高度重视，根据城镇地区供水情况，建立完善的水质管理体系、水质处理制度、供水末端水质保障系统，引进更多先进的城镇供水末端水质保障技术，并增加供水检测的频次，有效地改善水质问题，为居民提供高质量的水资源，提高居民的生活品质。

第五节　二次供水水质安全与节水技术

为避免在对城市供水时发生水管炸裂等问题，在供水时会将水压控制在一个相应的范围内，在保护水管的同时还能够起到节水的作用。但是随着城市化进程发展，出现了较多高层建筑，在对高层建筑进行供水时，由于水压过低导致送水困难，高层建筑出现用水困难问题。因此为解决高层建筑二次供水问题，就需要采取二次供水的方式，通过对供水加压或者采用水箱存水的方式解决用水问题，但在供水的过程中，存在一定安全隐患，影响用水安全，因此就需要采取必要的措施，保障用水安全。

二次供水主要指的是针对一部分较高建筑或者居民楼，在一次供水压力不够的情况下，为充分解决用户的用水问题，引进一定用水储存设备，增加供水压力，并通过管道的形式进行水源补给。针对较高建筑的用水问题，只有采用二次供水的方式，才能够充分并有效解决用水问题。在二次供水的过程中，储水设备建设是否完善、管道设计是否完备优化等问题将会直接影响用户的用水安全，如果二次供水设施存在问题，将会严重影响住户的生活与用水安全。因此在建设过程中，需要保障供水相关设施的质量问题，确保二次供水安全。

一、二次供水优缺点分析

（一）优点分析

二次供水具有一定优点，主要能够解决城市化进程加快造成的高层建筑用水困难的问题。由于一次供水的压力有限，因此在供水过程中，无法向高层建筑进行供水，为解决这种用水困难的问题，就建立了高层储水设备，进行二次供水，即在一次供水的基础上，通过增加压力，将水运送到高层的储水设备中，保证高层用水。现阶段二次供水是解决高层用水问题的唯一方法，并且具有可操作性，对高层建筑的用户来说，二次供水具有较大优势。

（二）缺点分析

二次供水虽然解决了高层建筑的用水问题，但在其发展的过程中仍有一定的缺点。首先二次供水是通过增压的方式将水储存在固定的储水容器中，这就会导致水源产生污染问题，并且在储水设备中容易滋生细菌，导致水中的有害物质含量超标，人们饮用之后容易产生疾病，危害健康。其次二次供水还会造成资源浪费，在供水过程中，会采用增压的方式将水通过管道运输至储水设备中，在零压力的基础上实现增压，在用水量不断增加的基础上，就会造成动力也在不断增加，在一定程度上就造成了资源浪费。最后由于传统的供水设备主要是在高层的楼顶，就需建设一定储水设备与水泵设置。由于在建造过程中的水箱设置过低，就会导致需要采取在管道中增压的方式实现供水，并且管道在长期使用中会滋生大量细菌，供水过程中水源会遭到污染，影响用水安全。

二、二次供水水质安全隐患

（一）余氯问题

余氯是存在于二次供水过程中的普遍现象，余氯主要指的是水在经过加氯处理之后，氯气与水长时间接触，水中会存留一部分有效氯。水在不合格的水箱中更容易出现余氯问题。水中存在过量余氯会存在一定安全隐患，甚至会对人们生命安全造成威胁。

（二）微生物问题

水中病毒超出国家规定标准等问题都属于微生物问题，水中微生物超标甚至会导致水中滋生出大量细菌，水质遭到破坏。曾有调查表明，在对南京市二次供水样本进行检查时发现，水中细菌与病毒含量严重超过国家相关标准。由于供水设施受到破坏与感染，使得细菌大量滋生，人们在引用此类水时，会造成肠胃出现感染等问题。水中微生物超标的主要原因是水中余氯衰减过渡。

（三）红虫

红虫主要指的是蚊子的幼虫，它们喜欢潮湿的环境，在潮湿的环境下容易大量繁殖，对饮用水安全会产生一定影响。通过对各地二次供水投诉进行调查，发现大多数投诉都是因为二次供水中含有大量红虫，红虫问题严重影响了供水与用水。在二次供水中出现红虫主要是由于对储水设备管理不当，为红虫生长提供了有利环境，红虫繁殖速度快，导致数量在短时间内剧增，水质遭到破坏。

（四）黄水、异味

在二次供水中出现黄水、水质不清澈现象，主要是由于水中的铁等微量元素超标，导致供水出现变色现象，铁元素超标主要是由于水管在长期使用过程中出现生锈现象，影响水质。二次供水出现异味主要是由于前期对管道等设计得不合理，导致一部分管道中水流得不到流动，出现了死水现象。后期管理人员对水箱与管道的管理不到位，导致出现大量微生物，这也是导致水中出现异味的主要原因。

三、二次供水水质安全问题

（一）设施设计以及建造

首先由于设计者在前期对二次供水管道设计时，忽略了对周围环境的考察，导致了二次供水管道与排污管等距离较近，使水质安全与卫生受到影响。其次设计者在进行设计时，将水箱面积尽可能的增大，希望通过这种方式减少供水次数。但由于水箱面积过大，就造成水箱中储存的水无法被充分利用，一部分水就变成死水，为微生物繁殖提供有利环境，造成水中出现异味。再次由于供水水池设计存在问题，输水管道未设计有效防护措施，导致大量微生物与红虫等进入到管道内，引发水质问题。水箱中未做好回流措施，就导致水得不到充分利用，引发水质安全问题。最后由于建造水箱或者水池时，使用了不合适材料，导致水质容易被污染。

（二）管理问题

首先由于一部分地区对二次供水设施的管理不同，每个管理部门都有其特殊的管理方式，以至于相关部门在对水质进行检查时，工作开展不便。其次部分地区在对二次供水管理时缺乏有效管理，管理员能力不够，缺乏对二次供水水箱及相关附属设施的卫生管理，严重影响了二次供水水质。最后在进行二次供水时，缺乏有效的外部监督机构，导致在管理过程中，一部分细节问题无法被及时发现，导致水质出现问题。

四、确保二次供水水质策略

（一）强化供水监督

为保障二次供水中的水质安全，就必须要强化供水监督。首先需要定期对供水设备进行检测与维修，损坏的部位需要及时更换。其次在二次供水工程建设的过程中，相关部门需要履行相应职责，严格对工程进行管理。最后在二次供水设施投入使用之前，相关部分需要通过供水实验来检测供水中存在的不足，并及时改善，在确保无问题之后，再投入使用。

（二）深化管理办法

现阶段我国对于供水管理主要研究出了四种二次供水管理措施，分别为市场化管理、物业与供水集团共同管理、外包管理与专业管理。通过对这四种管理模式的研究与分析，发现在外包管理与专业管理模式下，能够将二次供水的风险降到最低，在保证水质的前提下能够有效节约成本，因此在对供水在管理中可以采取此种管理模式。

（三）改变不合理设备设施

影响二次供水水质问题的另一主要原因是由于一部分供水设施过于陈旧，在二次供水过程中就容易产生水质变黄等现象。针对这种现象，就需要有关部门及时对设施进行维修与更换，如果更换过程中，资金出现问题，就需要从多方面进行资金筹集，当地政府也需要积极参与到二次供水设施更新改造工程中去，并对工程进行拨款，提高设备更换效率。

五、节水关键技术分析

在进行二次供水时，为实现节水目标，就需要安装减压阀，减压阀的作用就是对水压进行调节。通过对水压的调节，不仅能够实现节水的目标，还能够保障用户的正常用水。因此在推进节水项目时，就可以采用此种方法，实现节约用水的目标。

在二次供水设施供水过程中，水质容易受到影响，供水中微生物与细菌含量超标、水中出现红虫等现象不仅对水资源造成了浪费，也对人们的生命安全造成了一定的威胁。因此必须要深化管理方式，实现内部与外部共同监督，对陈旧设施及时更换，保障用户用水安全。

第五章 水文监测概述

第一节 水文监测能力的提高

水文监测，是通过科学方法对自然界水的时空分布、变化规律进行监控、测量、分析以及预警等的一个复杂而全面的系统工程。通过水文监测获取自然界水的动态变化数据，是兴水利除水害、支撑经济社会发展并提供水资源供需决策建议的重要依据。随着水生态、水环境、水安全保障任务的日益加重，对水文监测数据的客观性、及时性、完整性、准确性提出了更高要求。虽然我省水文监测技术和设备不断更新、监测管理措施和力度不断加强，但为适应新时代发展要求，探索符合我省实际的水文监测管理模式和技术方式仍十分必要。

一、我省水文监测现状

（一）点多面广，管理精细化有待加强

水文监测站一般按地形地貌、河流分布、水文分区结合行政区划进行布设，我省地形地貌复杂多样，高原、山地、丘陵、盆地、平原、沿海类型齐全。坝上、山区、平原水文地质差异性较大，环境气候多变，降水量年际内时空分布不均。为适应我省水文条件和监测实际需要，截至目前，135个基本水文监测站布设了113个河道站、20个水库站、2个湖泊站；935个基本雨量监测站中有699个常年监测，236个汛期监测；890多个人工和2900多个自动地下水位监测站布设在7万多km²区域；市界河流断面水量、水位、水质监测站布设在滦河、北三河、永定河、大清河、子牙河、黑龙港及远东地区诸河、漳卫河等水系；山洪灾害监测点分布在易发崩塌、滑坡、泥石流的山体河流结合部；水温、蒸发、流量、泥沙等水文要素监测点布设在有代表性的河流、水库。水文监测站在全省分布广泛，点多、面广、线长，汛期（6～9月份占全年降雨量的70%～80%）水文监测频次高、密度大、要求严，分散式布局、高强度监测，无论是人员还是技术，无论是驻测还是巡测，无论是生活还是业务，都难以实现精细化管理。

（二）环境艰苦，队伍稳定性有待加强

全省设有省水文水资源勘测局，11个设区市直属局。基层测站的水文职工常年驻守在偏远的河道、水库、堰闸等地方，他们远离集中居住的城镇，交通不便、生病就医困难，物质文化生活单调，生活条件十分艰苦。如今现状为，老一代职工面临退休，新一代职工招入困难，部分新招职工面对艰苦工作环境，产生了工作积极性不高、思想不稳定现象，多数基层水文监测站都存在留人难、培养人难的尴尬境地，基层职工地处偏远，缺乏对新技术、新知识、新仪器的培训及学习渠道，欠缺水文职工全面服务社会的思想意识。部分特别偏远的监测站采取委托设备所在地人员观测，其观测员多为村民兼任，存在文化水平低、技术能力差等问题，严重制约了水文监测现代化发展进程。

（三）手段落后，监测时效性有待加强

大数据、智能化、移动互联网、云计算的时代已经来临，而我省水文监测设备、技术与新时代发展仍存在较大差距。大部分基层水文测站在水量统计上仍然采取纸质报表，在水位监测上仍然采用人工测绳比对，在水质监测取样上仍然采用现场灌瓶，在数据整编上仍然采用人力计算，在市界断面水量水位监测上仍然采用载人测量船，采集数据共享时效性较差，信息孤岛化比较明显。我省水文监测应用设备相对落后且数量较少，在原本基层监测力量不足、专业技术薄弱的情况下，增大了水文工作人员的工作量和劳动强度；水文监测信息化和数字化建设水平相对落后，致使一些宝贵的水文数据与资料不具备完善的信息化交流与获得平台，工作人员采用传统的层层汇总、逐级上传、集中整编，每人每天处理百条千条数据信息，一人反复核对、多人反复校查，并存在一定误差。我省水文水资源领域研究与水文监测设备更新经费投入严重不足，水资源领域涉及空间与时间跨度较大，数据系列越长越能发现其内在变化规律，一些历史的人工监测数据需要与近期的自动监测数据进行吻合，一些空间水文水资源数据需要整合，均需耗费大量的财力、物力和人力，随着水文监测先进技术的不断发展，新产品、新设备的日益更新，一些老旧的人工监测设备已进入淘汰阶段，也需要一定的资金进行设备更新。

二、国内外先进水文监测方式

（一）国外水文监测发展情况

早在20世纪80年代初，一些发达国家就开始对大江大河进行大范围地自动化综合管理，在此基础上组建水文自动测报网。例如美国已把国内重要的防洪地区和流域建成庞大的水文自动测报网，而日本已建成以建设省为中心的对全国一级河流和大坝实行统一集中管理的系统。随着无线遥测设备的完善、数据传输方式的多样性与可靠性的增强、

微型计算机技术的进一步发展，21世纪初期美国和日本等发达国家建成了先进的水文信息监控系统，能对全国范围内的水文、气象数据进行收集并实时发送给分中心和国家中心，中心将数据处理后存入数据库，专家系统对存入数据库的信息自动分析后得出相应的结论，为水资源管理者提供处理和决策的依据。

（二）国内水文监测先进做法

随着现代电子、传感器、通信和微型计算机等技术的迅速发展，数据传输方式的多元化，水文自动测报技术得到广泛应用，我国水文监测产品从40年前的传统应答式逐步走向了现代化的自报式，并且随着工农业生产发展以及居民生活需求的扩大，监测项目和内容不断增加，监测设备和方法不断更新，监测技术研发和应用范围不断拓展。地下水位压力计自动测报替代了人工测绳，雷达自动测报流速水位替代了人工测船，水质监测定时自动取样替代了人工灌瓶，自动在线远传计量设备替代了人工抄表等一大批自动化水文监测设施投入使用。河南省和江西省率先进行水文监测方式的改革探索。河南省推进全省测区划分，实行"巡测优先、驻巡结合、应急补充"以及"自动观测为主、人工观测为辅"的水文监测新模式；江西省以吉安市为试点，以水文巡测为主要测验方式，成立勘测队、巡测基地并对其所管辖各站的历史资料进行分析，在分析的基础上提出不同类型的各类测站的测验方式方法，满足了水文巡测需要，提升了水文监测能力，提高了水文测验质量。

三、提高水文监测能力建议

（一）因地制宜，创新监测管理模式

适应我省冀东北、冀西北、冀中南水资源特点分区，满足水位、流量、流速、降雨（雪）、蒸发、泥沙、冰凌、墒情、水质等监测内容要求，改革传统的固守断面逐渐发展到点、线、面相结合，由行政区划管理向以水文监测单元式管理转变，由分散式测站管理向相对集中测区管理转变，逐步建立以水文测区为业务作业单位的县级水文监测机构和巡测队，形成面上巡测为主、重点部位驻测、易变区域应急监测相结合的监测管理布局。

（二）稳定队伍，提高监测人员素质

摸清现有驻测水文职工身体、居住、交通、收入、子女等生活现状，逐步改善现有水文职工的办公与生活条件，努力解决两地分居、子女上学等现实困难，稳定驻测队伍人员思想。利用水文监测任务相对较轻的冬季，对驻测和委托监测人员加强业务培训，分批次、周期性轮流学习水文监测业务，使基层水文监测符合规范、满足技术标准、达

到质量要求。加快水文监测装备更新步伐，增强水文招入人才吸引力，扩大水文监测高素质新生力量。同时，大胆探索专业化、市场化、社会化政府采购监测服务新模式。

（三）整合资源，推进监测自动化和信息化

目前，我省水文、气象、水资源、山洪灾害、土壤墒情、防汛抗旱、水土保持等信息化建设已初步形成，各类数据信息分部门管理，缺乏有效汇总和整合，应该按照满足需求、整合资源、进一步完善信息共享的原则，结合"智慧水利"推进水文监测集传感、数据采集、无线通信、信息集成等技术于一体的现代化建设。形成布局合理、实时监测、技术先进、管理有效的水文监测体系。实现以自动监测数据为基础、人工监测数据为补充、服务器接收存储为载体、计算机分析计算为依托的水文监测数据动态统计、分析功能，为我省经济社会发展提供及时有效的水文数据保障。

第二节　我国水文监测数据分析方法

我国的经济已经进入快速发展阶段，人们对各种资源的开发和利用已经越来越深入，这些原因是导致气候变化的主要因素。这一情况已经引起了全世界人民的注意，为了更好地实现对水资源的合理利用和开发，以解决目前影响全球的水资源问题；同时，通过对水文监测数据的分析可以为社会可持续发展做出相应的贡献，这就要求我们必须正确认识到利用水文监测数据的重要性，并根据目前对水文水资源的开发情况做出符合现在情况的分析，并通过智能测控技术的应用来解决水文监测中存在的问题，以充分保证我国的水资源在合理的范围内进行可持续的开发。

所谓的水文监测工作主要指的是在某一时间段内的对某一特定区域内出现的水文信息的整理和收集的工作，而这些信息对我国的水力资源的可持续发展和规划工作都起到了重要的参考价值，也为我国的防涝抗旱工作提供了重要的数据基础，同时也为我国水利工程的建设与管理工作提供了重要的依据。

水文监测工作适用的范围比较广阔，它主要是通过水文部门对各项与水有关的参数进行实时监控的过程，其主要监控对象有江河湖海及人工河道、渠道、地下水等。在进行监测的过程中其主要内容为水的水文、流量、速度、蒸发情况、水质及自然降水等。目前我国在对水文进行监测的过程中采用的一般为无线通信的方式，通过这种方式可以有效获得监测的数据，对我国水文监测工作效率的提升能起到积极作用。

一、水文监测方案的设置

（一）基本断面设置

在进行水文监测数据的测定过程中，要根据当地情况对监测数据的基本断面进行选择。以河道为例，在进行基本断面设置时要根据闸坝上下游水尺断面进行设置，其中在闸坝上游设置测流断面，测流断面和上游水尺断面可以重合，断面需垂直于水流方向。水尺断面确定后，在断面附近设置临时固定水准点。测流断面位置确定后，设立断面桩，使用全站仪测定测流断面水面以上的护岸、堤防等部分，将折叠船和岸上牢固点用绳索系牢后，放入水中，测流断面两岸打入木桩或铁钎，系绑断面索和绳索，采用测深仪、测深锤或塔尺测量水下断面。

（二）水位观测方案

水位观测的约定值都是依靠人工观测水尺所得，在一些不能安装自记式水位计的断面，人工观测是测量水位的唯一方法，即使有条件使用自记水位计的情况下，水位校核也要以水尺读数为依据。

采用人工观测水尺，应用最多的是直立式水尺，包括水尺板和靠桩，水尺板应固定在垂直的靠桩上，靠桩应浇筑在稳固的岩石或水泥护坡上，或直接打入埋设至河底或地下。水尺安装后用全站仪或水准仪，从基准点引测水尺零点高程，无条件设置临时水尺桩，可从基准点引测至断面附近临时固定水准点，从临时固定水准点直接测量水面高程。有条件采用自记式水位计收集水位数据，推荐使用压力式水位计，压力式水位计是较早应用的无测井水位计，也可用 PVC 管、管箍等构建临时测井，安装固态存储浮子式水位计。

（三）流量监测方案

流量测验采用走航式声学多普勒流速仪进行监测，按载航方式测验可分为三种，测船、三体船和遥控船，除测船需要安装外，三体船和遥控船均为一体化。通过定制支架安装 ADCP，安装位置离船舷的距离，木质测船宜大于 0.5m，铁质测船宜大于 1.0m，仪器探头的入水深度应根据测船航行速度、水流速度、水面波浪大小，测船吃水深、船底形状等因素综合考虑，使探头在整个测验过程中始终不会露出水面，且入水后发射和接收信号不会受到船体的影响，同时要保证横摇和纵摇在 5 度以内。仪器安装完成后，检查所有电缆、电路的连接，并对仪器进行自检，三体船和遥控船还需检测电台，遥控船不适宜在有漂浮物和监测断面水生植物较多的地方进行监测。

二、实现水文监测数据智能化的必要性

对于我国来讲，通过智能测控技术的有效运用，可以实现相关的测控人员有效地了解测定区域内的水文情况，并且在获得相应信息的同时可以对相应信息进行整理和分析，以便可以比较全面地了解该区域内水文的实际情况。但现实是，我国的水文测控系统仍存在手动测控与自动测控两种方式，在实际操作过程中两者是相互结合的，在手动测控时一般都会与自动测控进行配合，这样就可以收集到比较完整的工作数据。而自动测控的优势是其可以对需测控区域的水文情况进行实时的测控，方便我们得到该区域内的水文信息。

因此，我们就可以了解到在水文监测数据分析的过程中采取智能测控的必要性，这是由于通过智能测控系统，可以满足传统水文监测所不能实现重要参考数据。所以，在进行水文监测的过程中必须保证工作效率与质量，我国经济的发展也对水文监测工作提出了更高的要求，这就需要我国必须实现水文监测工作的智能化。

三、以某地为例水文监测数据分析

某地位于黄河三角洲地区，该地区属于原生湿地，地势平坦呈现鱼骨状，该地区有河道、堤坝、平原及洼地等多种地貌。但自20世纪80年代开始，黄河断流等现象对该地区影响较大，出现了湿地退化的现象。21世纪初我国对该地区实行了几次调水调沙活动，使得退化现象得以部分修复。因此，该地区管理部门对湿地的地下水展开了监测工作，以了解地下水的动态变化和海洋与黄河的关系。

（一）智能水文监测应用分析

该地区在对地下水水文监测数据的分析过程中，在黄河口镇与孤岛镇、入海口的附近等地设置了三口监测井，并在井内设置了自动监测仪器，该地区选用的仪器为国产1040地下水智能监测仪，对相关数据的采集工作采取的是每间隔1h对井内的地下水位及水温进行数据采集工作，以保证水文监测数据的连续性。

在对该地区的水文监测过程中我们发现，地下水受到当地自然因素的影响比较大，呈现出比较明显的季节性变化趋势。我们以2008年2月23日为例，该地区当时降水量为零，该日为天文大潮日，受到潮汐的影响，该地区的水文变化比较明显，三个监测井的水位分别为0.71m、1.017m与0.634m，其中一口井水文波动的情况在0.6～0.69之间，其波动的幅值在0.09m左右，综合当天地下水文的波动情况可以得出其平均值为0.634m。

（二）水文监测的数据分析

通过当天地下水文波动的情况我们可以分析出，当天地下水文情况受潮汐的影响较大，且其波动形式呈现周期性变化。以同一口井为例，因其与海岸线较近，其地下水位的最高值在中午 12 点左右，其波动曲线符合正态的分布特征，通过对该地区验潮站的潮汐变化曲线的比对，我们可以看出地下水文波动的情况与潮汐的变化相差了 3h 左右，但形成的曲线图则比较类似，因此我们得出潮汐的变化与地下水文的变化呈现出的是正相关关系且其相关系数为 0.85。而离海岸线较远的监测井则受到潮汐变化的影响较小或基本不受影响。

由海洋潮汐对地下水文的影响可以看出，海洋的潮汐作用与监测井内水文的变化周期相比，监测井内地下水文的变化滞后于潮汐的变化时间。通过对其水位变化的滞后时间与监测井和海岸线之间的垂直距离进行比对，我们可以得出潮汐与该地区地下水的变化呈现出长周期为 15d，短周期为 1d 的波动。其变化形式与监测井与海岸线的距离有关，并呈现逐渐增长的趋势。

通过智能水文监测工作可以实现测流速度快、机动性强的特点，只需采取各种水文设施横跨断面，就能完成流量测验，并且具有较高的精度，可以有效满足水文监测工作的需要。本节通过对黄河地区的水文监测数据分析，旨在能够给水文部门提供重要的决策数据，并希望能够为防洪排涝提供及时准确的水文基础信息。

第三节　水文监测环境和设施保护

水文监测是通过科学方法对自然界水的时空分布、变化规律进行监控、测量、分析以及预警，水文监测是一个复杂而系统的全面工程，同时也是一门综合性的学科。水文监测的整体环境影响着水文监测质量，而水文监测质量又是关系水文存在的基础条件。当前水文在社会的发展需要中占据着重要的地位。因此为满足社会发展需求，需要从水文监测环境入手，充分了解水文监测环境相关的基本问题，针对目前水文监测环境的现状以及发展方向，积极寻找对策，以保证水文监测工作的顺利进行。

一、水文监测环境和概述

水文监测是一项复杂而系统的工程，它涉及许多的学科知识，包括自然环境知识、地理地质知识与工程建设知识。水文监测是一项综合性的工作，不仅仅指狭义的水文测验，它包括站网设计布局、水文测验、水情报讯、资料整编与实验研究以及数据分析等。目前，水文监测的具体项目有：水温、岸温、水位、流量、泥沙、冰凌、比降、降雨、降雪、蒸发、墒情以及水质的监测等。

水利部于 2011 年 4 月 1 日起实施的《水文监测环境与设施保护办法》中明确规定了水文监测环境和设施的定义，其中水文检测环境是指：为确保准确监测水文信息所必需的区域构成的立体空间；水文设施的定义为：水文站房、水文缆道、测船、测船码头、监测场地、监测井（台）水尺（桩）、监测标志、专用道路、仪器设备、水文通信设施以及附属设施等。

二、水文监测环境与设施的发展状况

（一）水文站网发展现状

新中国水文事业建设已有 60 余年，已经趋于成熟，在水文监测的各个环节有了突破性的进展。其中水文站网规划布设发展迅速，截止到 2016 年年底，各类水文测站已达到 47400 余处，其中水文站 3219 处，水位站 1523 处，雨量站 19082 处，水环境中心 251 处，水质 7750 处，地下水监测站 13489 处，墒情站 1648 处。

从调查结果来看，我国目前已经建设成了分布适当、布局合理、功能较为齐全的水文站网体系，针对我国大部分水域均能起到实际的监测作用，在站网建设的基础上，利用计算机技术进行水文站网监测资料的汇总与数据的分析，对于我国水文监测工作的开展具有十分积极的作用。

（二）水文监测管理环境现状

目前，水文监测机构设置也较为齐全，我国水文机构实现了行政升级。在全国范围内有 20 余处省级水文机构升级为副厅级单位，或者为省级机构配备副厅级干部，另外，我国水文机构还实现了双重管理，以及参公管理，以更加全面的规章制度为水文监测工作提供必要的法制环境。

另外，国家颁布了许多法律条文用以保护水文监测管理的环境和设施，2007 年颁布并实施《中华人民共和国水文条例》；2011 年，水利部颁布《水文监测环境和设施保护管理办法》以及《水文站网管理办法》，办法在颁布之后得到了颇有成效的实施以及推广。另外，各省市区也积极的推广一些地方法规条例。例如，《水文条例》和《水文管理办法》等。除此之外，一些地方还推行了配套的水文管理制度条例。

三、水文监测环境和设施目前存在的问题

（一）在水文监测环境范围内从事违规活动

当前，由于宣传力度不足或是民众还未认识到水文监测活动的重要性，导致有部分民众在水文监测环境保护范围之内从事一些违规活动，导致水文监测环境在一定程度上遭到破坏。当前，常见的违规活动主要有以下几种：①在水文监测区域种植高秆作物或较高的树木；②在水文监测环境内修盖建筑物，堆放建筑材料，或者停靠大型船只；③在水文监测区域挖土、挖沙等破坏河流自然形态；④在水文监测断面取水、排污，在过河设备、气象观测场及监测断面上口架设线路等；⑤埋设管线，设置障碍物等；⑥在监测水域内利用网箱养殖，种植水生植物等。这些违规行为不仅对监测环境造成一定的影响，而且导致流域水文情况发生变化，造成监测结果不准确。

（二）水文工作宣传力度不够

在日常生活中水文监测似乎距离人们的生活较为遥远，而且因为水文测站大多建设在远离城市聚集地的偏远地区，水文工作者的工作环境也较为单一。水文监测工作的宣传力度较为欠缺，大部分民众还未认识到水文监测工作的重要性，因此对于水文监测环境与设施的保护也没有得到必要的重视。

（三）水文监测部门缺乏自我保护意识

（1）首先，对水文监测区域与普通区域没有划分明确地界限，或者设立较为明显的警示语；其次，部分水文监测站对于监测区域没有进行有效的土地征用，或者仅仅办理土地征用手续而没有办理土地证，导致没有足够的权利保护好水文监测环境、监测区域建设的设施。

（2）针对在水文监测区域所出现的违规活动没有及时采取有效的制止措施，导致违规活动的实施者没有认识到事态的严重性，使得水文监测区域遭到时效长、面积大、程度深的破坏，此时想进一步制止已经变得非常困难。

（四）地方政府对于水文监测不够重视

尽管中央及各省市政府出台了许多保护水文监测环境及设施的法规政策，但是由于水文测站一般设置在县镇等地区，而且水文监测是一项长期工作，其经济效益与社会效益需要较长的时间才可显示出来，因此县级及以下政府还未真正认识到水文监测的重要性，没有形成对所属区域水文监测站网的有效保护机制，从而导致水文监测环境与设施被破坏。

（五）水文监测工程审批之前为做好准备工作

水文监测工程包括水文监测环境的规划与水文设施的建设，水文监测工程准备工作具体包括：①了解好相关法规，维护好水文监测工作的合法权益；②地方政府要对即将建设的水文监测站做好有效的预防措施，防止建设工程侵占水文监测区域或人为破坏水文监测设施；③在工程开始前对于可能会影响水文监测环境与设施的各种因素做好统计分析，从而制定好相应的预防措施，争取在源头上做好水文监测环境与设施的保护工作。

四、水文监测环境和设施保护措施

（一）加强对水文监测的宣传力度

可以利用媒体展开宣传，例如利用公益广告，或者利用央媒、省媒、或地方媒体开展水文监测专项栏目，通过拍摄纪录片或者解读水文监测相关法规知识使普通大众了解水文监测工作开展的重要性。可以将水文监测知识带入课堂，使学生了解水文监测工作的重要性，引起学生对水文监测工作的兴趣。另外，水文局等水文监测部门可以结合气象部门、环境保护部门等与水文监测息息相关、同时又广为人知的部门一起参与地方事务的处理，并且一起进行宣传，从而使水文监测工作深入老百姓的生活中，使民众了解、自觉保护水文监测环境以及设施。

（二）提高水文监测站点环境与设施的保护意识

水文工作者要自觉养成自我保护的意识，在日常工作的范畴之中加入水文监测环境与设施的保护，站点要定时组织工作人员不定期的巡查，争取责任到人，发现水文监测环境和设施可能被破坏时要及时排查，及时上报，利用相关的法律法规捍卫水文监测环境的执法性。

（三）完善相关手续

在前文中提到，部分水文监测站点工作区域土地征用手续不完善，从而导致在整治违规侵占水文监测土地时拿不出强有力的证据，因此，水文监测站在征用土地时一定要严格按照相关法律，走好相关流程，办理好完整的手续，并且最好要尽快地办理好土地使用证。

（四）加强执法力度，依法惩治破坏行为

水文法规不仅仅针对水文监测部门使之加强法律意识，更重要的是要利用相关法规作为武器，对于破坏水文监测环境与设施的单位或个人起到警示与惩治作用。针对水文监测环境与设施的破坏、损毁行为要及时进行调查取证，对于无意的破坏要进行警示与

教育，对于有意的破坏活动要加大惩处力度。另外由于政府规划或当地发展必须要占用水文监测环境用地的要及时向水文部门进行汇报，二者之间进行协商，并且要在前期充分调研，以确保对水文监测环境造成的破坏降到最低限度。

水文监测是一项长期的工作，对我国具有十分重要的社会作用，对抗击洪涝灾害具有十分显著的作用。就水文监测而言，其环境与设施十分重要。当前，水文发展的现状，既取得了重大突破，也存在很多不足之处，水文监测存在的基本问题主要是：①宣传力度不足；②重视程度不够；③没有充分利用好现有的水文法规。因此，针对水文监测环境与设施保护可以提出具有针对性的建议，从根本上杜绝破坏水文监测环境与设施行为的发生。

第四节　水文监测中智能测控技术

新时期，为了进一步提高对于水文监测中智能测控技术的认识，需要工作人员进行有效的实践分析，才能提高技术应用水平。基于有效的工作实践，本节首先研究了智能测控技术及其重要性，随后对其应用进行具体研究，希望能够为水文监测工作的顺利开展提供有效保证。

水文监测过程采用有效的智能测控技术是必要的，通过实践应用不仅提高了工作效率，同时也进一步保证了水文监测质量。对于相关工作人员来说，要不断通过有效实践，科学分析先进的智能测控技术，以提高对于水文监测工作的认识，进一步保证各项工作有效开展，具体实践分析如下：

一、智能测控技术及其重要性

（一）智能测控技术

使用智能测控技术进行水文监测时，需要借助高科技设备进行辅助，常见的使用计算机、GPS 技术设备、无线通信设备等对某监测区域内的特定水间内的水文资料进行全面的收集与整合，对样本区域内的水文流域进行测验，对水文情况进行精准的测量与表述。常见的智能测控技术可分为自动、手动两种方式，采用自动化的监测方式，可弥补传统手动方式中存在的不足，同时两种方式相结合可弥补自动监控点布设的缺点。利用两种方式，可更好地获取并整理水文流域具体情况与数据，运用智能化设备提升水文数据监测的准确性。在智能测控技术中，常见的测控管理系统包括泥沙测定、缆道流量测定等智能化系统，同时运用变频技术、监控技术、网络传输技术等对流域水流速度等内容进行有效监测。

（二）在水文测验工作中的重要性

在实际水文监测中，主要的监测方式以手动测验为主要方式，测定数据由人工记载，因此测量结果的准确性存在质疑声。在使用人工测量方式时，测量工具、测量方法、测量专业水平等都会对测量数据造成干扰。同时，采用人工操作的方式，测量时间较长，对防汛工作的开展存在不利影响。实际数据收集过程中，人工作业存在较大的危险性，对工作人员的生命安全造成一定威胁。此时应用智能测控技术，可有效地完善上述不足，弥补人工测验方式的局限性，同时有效的提升勘验的精准性，进而保证数据的真实可靠性，促进水文测验顺利进行。

（三）智能测控技术的应用

水文管理部门通常利用水文测验获取的数据为决策、管理提供参考，因此在其后期规划、防汛抗洪中都需要精准的水文测验数据。由此可见，开展有效的水文监测工作，获取真实可靠的水文数据，对水文工作的顺利开展意义重大。在实际工作中，相关工作人员应当在保证安全的前提下，最大限度的进行精准数据的测验，不断提升自身水平保证测量的安全可靠，为后续工作打好基础。在应用智能测控技术对水文数据进行测量时，难免存在一定的外界因素对测量的准确性造成一定影响，如：操作的准确性、人为因素、自然天气因素等。因此，在运用智能测控技术时，不能只将提升工作效率作为应用技术的目的，同时要提升资源整合利用率，保证资料收集的全面性、精准性，发挥智能测控技术的最大应用价值。

二、智能测控系统在水文测验中的应用

（一）智能测控技术的软件部分

采用智能测控技术时其主要的核心部分是对软件系统的应用，利用软件系统提升监测的真实可靠、准确有效性。因此运用此技术时，需要对软件系统进行合理设计，充分利用软件对相关控制程序、报表程序等进行合理设计。在设计过程中，第一，要充分了解所测区域的水文要求及相关测量标准，根据测量的环节、内容等合理设计报表的具体内容与环节，保证编程的准确性，增加测量数据的精准性、可信度；第二，以规范操作、科学数据、信息分析为基础保证报表编程的合理精准性、适当性，科学合理的设置水速、水深测量分布图；第三，设计合理、生动的人机互动界面，以智能化、自动化指导水文

测验，保证系统软件的简洁智能化；第四，保证设计系统的便于操作性、可实施性，进而为水文测验提供便捷。

（二）智能测控技术的硬件部分

除软件系统外，在智能化测控技术中还应使用硬件设施，为测量工作提供辅助。在智能测量技术中，常见的硬件设备包括水中、岸上硬件设备两大类，需根据不同的施工内容、测量区域对其进行合理运用。两种测量硬件设备分工明确，水下测量设备主要是对水下的数据进行搜集、传输，岸上测量设备主要是对数据进行接收，同时根据相关软件模型等对数据进行整合、分析、计算等，完成水文测验。由此可见，水下测量设备以计算机为之保证，使测量数据、收集数据具有稳定性、完整性。利用计算机可保证信号传递的连续性、避免信号传输出现中断，利用辅助软件保证计算机可独立工作，准确收集数据。岸上硬件设备，通过计算机、电动设备、转码通信设备等，实现信号的转化、数据的分析整理，此时需要保证数据收集的全面真实性，记录的完整可靠性，进而保证数据监测结果的真实可靠性。在此过程中，需要为硬件设备提供必要的设备保护措施，避免设备被天气等自然因素破坏。除此之外，还需要保证设备的安全稳定，满足不同测量的多样化要求，为智能化检测提供准备。

三、水文监测中智能测控技术应用时应注意的问题

运用智能测控技术时，需要注意一定的应用问题，主要包括：第一，充分考虑工作人员的日常行为习惯，根据使用者调整系统的运行规范，保证操作人员适应操作信号灯的变化，为信息接收提供便利；第二，提升水文监测系统的自动化智能化水平，如根据工作操作人员的使用习惯设置鼠标操作系统等，保证操作人员可更好地利用操作技术保证测量参数的完整性，降低操作难度；第三，根据行业规范要求合理设计报表，充分考量人工计算特点，保证系统报表符合实际要求。

除此之外，需要对配套设施进行完善，根据智能检测的应用原理，合理配置水文站的建设，对河流复杂、周边居民较多的水文进行测量时，需要加强基站站点的配套服务建设，合理设置水文站数量，加大建设资金投资，有效缩减相关站点间距，增减水文监测站的密度，缩小测量的误差行，增加水文监测的准确性。

如：在某河流域进行水文监测时，因其支流较多、气候变化特点显著，因此对其重点支流处增设较多水文监测站，便于及时准确地掌握河流径流变化的信息，通过汇总数据，掌握汛期水文变化特点，为削弱洪峰提供参考。

在进行水文监测时，需要根据我国实际详情对水文站进行维修管理，对年久失修的

水文站等及时进行设备维护与更新，组织相关人员进行交流与学习，加大相关人力物力投资，整修水电站，优化智能化水平，提升水电站的安全性、智能性，通过维修与升级，增强信息的可利用价值。

四、智能测控技术的发展

随着时代的发展，智能测控技术应用范围越来越广，利用率越来越高。通过使用水文测验技术，可大大提升信息监测的准确真实性、增强监测的安全可靠性，应用价值显著。纵观行业发展，智能技术发展迅速，但其在应用过程中，仍需不断完善。在智能化技术应用的过程中，需要结合实际情况对智能测验的软件、硬件进行升级，保证监测工作适应多样化的水文监测需求。通过提升智能测控技术的智能化水平，保证其可应用于更多类型的水文测验工作中，为水文管理、决策等提出有效参考数据。由此可见，水文测控技术的应用价值显著、发展空间较大，有助于测绘部门不断提升测验质量。

为了提高水文监测水平，需要提高对于智能检测技术的认识，同时也应该通过有效的技术设计，保证水文监测技术发展，希望以上分析能够为相关工作开展提供有效保证。

第五节 互联网与水文监测系统

新时期，为了不断提高水文监测水平，需要构建完善的监测系统。本节基于对互联网技术的研究，总结了如何通过互联网技术不断提高水文监测系统的监测质量，希望进一步研究能够为相关工作开展奠定良好基础。

互联网技术的运用，大大提高了水文监测效率。因此，在有效的研究过程中，要重视结合实际，积极制定更加完善的监测系统，从而保证水文监测水平不断提高。下面基于工作实践，深入对其进行具体讨论。

一、基于互联网技术的水文监测系统概述

互联网技术的运用利于提高水文监测系统应用效率，能够更好地为相关研究提供便利，为水文监测工作提供帮助。对于在互联网技术背景下的水文监测系统来说，主要分为采集系统、通信系统以及数据分析控制系统，采集系统中主要包括无线网络节点以及远程终端，其作用是对数据进行采集，对监测现场进行控制等，通信系统中以 GPRS 通信系统为主，同时也具备短信通信、卫星通信等等功能。通信系统通过将采集的数据进

行实时传输，然后通过数据的进一步分析，以提高控制能力。简单来说，其主要以数据传输为主，实现对该系统的进一步控制。主要分为通信系统、数据库、监听系统以及软件系统，是将通信系统所传输的数据统计到数据库中，随后通过数据命令传达，进一步提高数据采集能力，以保证系统运行质量。

二、基于互联网的水文监测系统的设计方案

（一）信息采集系统的设计

水利监测以户外为主，尤其在一些重要河道中，需要提高监测水平。基于条件因素会导致水文监测过程中受环境的影响，因此，在对信息采集系统进行设计时，要对环境因素进行充分的考虑，保证信息采集系统设计可以适应不同的环境，同时可以选择防护层对信息采集系统进行保护，从而达到防止外界侵蚀等目的。

信息采集系统主要是通过传感设备对数据进行采集，通过转换并利用无线网络节点将采集到的信息进行传输，随后，通过采集系统处理，得出远程数据，进一步将数据传输到分析控制系统中。

1. Zigbee 无线网络节点的架设

水文监测系统以数据采集为主，通过对大量数据信息统计与分析，以保证水文监测质量。从实际分析，水文监测设备大多长期处于户外，若要提高其监测的准确性，必然要重视利用无线传感网络，进一步保证无线网络节点通信质量。就目前我国水文监测系统来说，最为常用的就是 Zigbee 无线网络节点，这是因为该通讯方式能耗相对较低、成本以及延迟等都相对较低。在水文监测范围内通过建设多个网络节点，可以保证全网无线通信，同时，在 Zigbee 无线网络节点架设时，要保证每两个节点之间的距离在75m 左右。

2. 临时数据处理器的设计

在对临时数据处理器设计时，首先要对临时数据处理器的作用进行掌握，该处理器主要是对信息采集系统进行控制，确保传输数据质量，从而进一步提高数据分析能力，以实现数据分析的准确性。临时数据处理器将传感器运用在收集数据信息过程中，以临时储存为主，其能够进行初步处理。因此，对于临时数据处理器来说其自身具有较大的储存空间以及优秀的计算性能。

3. 电源系统设计

上文我们也分析到水文监测系统长时间在户外工作，在这种情况下，对电源系统进行设计时，可以将户外资源进行充分的利用，从而达到减少电能消耗的目的。通常在电

源系统中应该运用太阳能与锂电池结合的方式进行供电，在阳光充足时可以将太阳能电池进行开启，这样就可以边充电边给系统供电，在没有阳光时就可以通过锂离子电池进行供电。

（二）远程通信系统的设计

远程通信系统主要是利用 GPRS 移动通信网络进行工作，通信系统自动开通拨号功能，并与网络连接，最后将水文监测系统的相关数据以及内容进行传输。当 GPRS 通信系统长时间不能将数据传输，就会使 TCP/IP 通道丢失，如果想要将其重新开启，就要重新操作激活流程，这样的话就会影响数据的传输，因此，针对这种情况需要增设定时激活程序，这样就会有效避免通道丢失情况的发生。

（三）数据分析控制系统的设计

所谓的数据分析控制系统，是一个链接不同的数据采集器至统一服务器终端的系统模块内容，并且其提供多个插口连接其他监听设备，可交互多个不同的服务器，从而达到集成监控、监听、信息收集、信息分析的综合目的。Monitor Server 系统中自主挂载了监控体系，因此能够自动化、实时化对内容展开监控工作，并且达到了人工二次调整的目的，同时还能自主将信息传递到储存装置之内并做好相应的数据记录。Monitor Server 系统还可以将各个信息命令传达至信息采集器之中。DB Server 系统安装了数据库管理软件，可以将传输进入数据库的数据进行记录，以便提供数据查询服务。Web Server 系统最大的特点在于，能够以动态化的方式进行数据的展示以及变化，通过在数据库之中采集信息、刷新相关的页面内容，呈现最为清晰且明了的数据变化形式。因其高度动态化的模式以及使用效果，能够更好为后续水文监测工作的调整以及优化，提供更多的系统参数内容加以参考。

其中，系统终端是最为重要的软件，它能够接受各类不同感应器所发出的触屏，且其最为核心的控制和其存储模块是 I/O 接口硬件。目前在我国的相关协议之中，它能够自主对不同的网络内容进行筛选和分析，找出其中的重点内容和分片。就水文系统的使用情况来看，目前运用范围最广、适用性最强的控制系统为 MAC 的负载模块所承载。由于水文监控工作往往是动态化、二十四小时不间断进行的，因此为了达到最佳的使用效果，必须考量其使用过程中的节能性。同时，其系统必须具备一定的智能化，从而筛选无用的信息，并且在发生紧急、危险情况的时候做到第一时间的预警以及信息传播。

除了硬件系统以外，水文监测体系最为重要的即为其独有的软件系统，而软件系统使用过程中必须遵循的原则为：操作相对较为简易，能够兼容各类不同的模块交互使用，确保各类信息能够直观显示。因此在该方案具体落地执行过程中，所采用的为 B/S 系统，能够保证不同软件之间的交互，并且通过其他耦合体系交互运作，深化检测的效果以及成效。二者主要基于操作系统提供的进程间管道机制，以提高系统通信、传输质量，同时也保证资源实时共享，将系统终端的水文监测节点启动，能够提高采样准确性，利于通过数据显示将其有效转变为图形，提高数据信息的可视性，保证系统能够结合最终参数进行分析，将分析结果进行预警播报。综上所述，作为水文检测体系的软件系统，主要划分为以下三类，即监控体系、信息筛选处理体系以及预警汇报反馈体系。其中，最为核心的即为对信息的筛选与分析，只有对采集到的数据内容展开合理判断，才能定义目前的水文状态，一旦出现危险情况也能及时加以汇报以及反馈，做到最大程度上减少不必要的财产损失。

三、互联网技术下水文监测系统评估分析

为了进一步提高互联网水文监测效率，促使该体系发挥价值，还需要对其使用展开全面的评测与分析，要明确各个网点的信息筛选并监控在合理范畴之中，尤其是在环境复杂的区域，自然条件因素如温度、湿度等，都会极大程度上影响正常信息的传导，使得水文信息的不及时或不准确。因此，任何互联网技术下的水文监测，都需要提前做好把控，才能保证其稳定运作。需要分步骤地进行各类单独测试，做到逐一排查潜在问题，达到最佳的使用效果。

在水文监测系统的构建与完善过程中，要重视引入先进技术，并通过进一步实践研究。以上有效地总结了如何利用物联网技术，不断提高水文监测系统监测水平。希望通过进一步总结，能够为水文监测工作开展奠定良好基础。

第六节 城市水文监测工作及预警

随着城市水文监测工作的有效开展，其为城市发展以及人们生活质量提高提供了有效保证，为了进一步做好该工作，工作人员要重视采用先进的监测及预警技术，才能提高工作效率，进一步保证各项工作有效开展。

现如今，作为水文监测工作人员，要重视构建完善的预警机制，以进一步提高对工作的认识，从而加强实践操作能力，不断为城市水文监测工作开展提供有效保证。下面通过有效的工作实践，对其监测工作及预警策略进行具体研究。

一、城市水文监测和预警系统概述

根据目前我国的实际情况来看，城市的水文监测工作应当主要围绕降雨监测、河流水位监测以及城市给排水监测为主。首先，降雨监测指的是对城市降水量的统一观察，以免出现过多的涝灾问题。当前，我国中东以及沿海城市区域已经基本建成降雨监测点，只有城区降雨量监测站点较少，由于城市的热岛效应，城区降雨时空分布更加不均，因此城区雨量监测站点应适当加大密度。所在江河的水位、流量监测也已基本满足城市防洪的需要。城市内涝、排水监测是薄弱环节，基本上没有开展这方面工作。

二、城市水文元素观测的内容

监测项目有：降水、径流、水质、地下水位、排洪能力、道路积水深度、在交通及重要建筑附近设立地面高程变化监测点。

（一）降水观测

所谓的水文监测工作，最主要的源头来自自然的降水现象，自然降雨不仅会产生径流、可能产生对地面的冲击，还会因目前空气质量产生变化，而导致降雨过程中不可控地形成酸雨，使得地面或建筑物产生侵蚀破坏。随着我国城市化建设的不断完善，目前仅依靠城市中心的降水观测点已经无法满足整个区域范围对水文监测的需求，因此相关的职能单位要进一步丰富自身的监测点布局，做到对不同的区域都能够精确掌控降水的分布，为从根本上保证广大城市人民群众正常的生产生活，提供有力的支持与帮助。

（二）径流观测

针对城市而言，径流最大的区别在于其垫面透水能力的区别。在城市范围内的下垫面主要是不透水区域，少有的透水区域对径流影响非常小，城市特征是产流速度非常快，而且径流随降雨强度和持续时间而变化，因此，不论是自然界已有的排水系统或后续建立的人工排水体系，都对城市的生态有着极大的影响。在不同区域都需要切实加强对径流的监测，包括水流大小、水流速度以及积水深度等，都需要做到充分的考察，保证整个城市的水文监测工作能够在有序、完善的指挥下进行，确保城市的给排水工作统一落实到位，发挥最大的作用。

（三）水质监测

针对城市用水而言，由于其直接关乎人民群众的生命安全问题，所以必须对其水质展开有效的监测。而水质监测的工作应当做到二十四小时不间断地进行，持续对用水质量展开检查，除了直接饮用水以外，包括绿化、工业等二次用水，也需要开展有效的水资源管理工作。

（四）地下水位及地面高程变化监测

尽管城市的水资源大多已经开发完毕，但仍然存在一定的地下水结构需要加以水文研究。城市的地面大多较为硬化，不可避免地会产生降水滴入困难的现象，而一旦该现象持续了相对较长的时间，则会导致地下水位下降，从而使得地上建筑出现开裂乃至水管破裂的现象，影响了城市居民的正常生产生活，因此相关职能单位不能忽略对地下水位的观察，以免出现不可控的意外情况。

（五）排水能力及道路积水深度监测

排水是衡量一个城市水文工作的重要指标，也是城市各类生活废水、生产废水的直接排放渠道，这不仅关乎城市的运作效率，还影响了人民群众的安全问题。所以，相应的职能单位要充分衡量城市的实际情况，根据生产生活的需求构建城市排水系统，力求杜绝城市内涝的现象发生。尤其是在地势相对较低的区域要做好重点监察，从而更好为城市的管网系统做出优化与调整，为城市出行提供保障。

三、城市水文监测和预警系统的重点分析

（一）建立城市洪水预报系统

尽管目前我国科学技术相对其他国家较为发达，但城市内涝的灾害仍然不定期发生，为了避免自然灾害对城市财产的损失，就需要充分做好对城市洪水的预报系统，只有这样才能保证城市的运行稳定，避免不必要的人力、财力支出。

1. 数据汇集及应用支撑平台

首先，数据汇集平台。要利用好目前高度发达的互联网信息科技力量，根据以往的城市情况以及自身的需求，建设一个专供水文监测数据汇总的平台，通过计算机的高运算性，推测出当前的水文状况是否符合可控范围。要将包括降水情况、排水情况等各类基本要素都整理汇总，便于后一步地动作进行。

其次，应用支撑平台。仅仅有数据的支持与帮助是远远不够的，为了进一步帮助城市的水文系统智能化、规范化，需要设立专门的应用支撑平台加以实现数据的转换与服务，帮助相应的职能单位在应对各类情况的过程中有更为可靠的依据，做到更有价值的水文工作。

最后，综合数据库。为了切实帮助水文工作的能够进一步调整与优化，做到对城市

更有针对性，就需要建立专门的综合数据库。从而更好记录城市水文工作中产生的数据与情况，还可以将发生意外事故或重大灾害时采用的策略与应对方法记录下来，在遇到类似问题的时候能够快速反应并解决。

2. 建立城市监测和预警站点

针对城市的水文工作而言，其监测的最终目的是展开预警，用以帮助当地的人民群众更好地预防灾害，保障城市的安全。而在预警站点的设置上，应当保证其处于各个监测点的中心位置，用以第一时间收集来自城市各处的信息，并且最大程度上提升信息传播的速度，达到最佳的监测预警的目的。需要注意的是，城市的监测点设置并非固定化，应当结合实际的需求做到合理设置，保障能够获得最佳的预警效果，精准掌握城市的水文工作。

（二）加强对城区低洼段的监测和预警系统建设

根据以往的经验，水文工作的监测重点应当放置在低洼处的监测以及预警之上，由于地势的天然特性，导致低洼处相对更为容易产生积水等问题。近年来，尽管我国城市化建设的速度非常快，但在城市给排水的建设过程中，往往忽略了对低洼处的重点防护。因此，职能人员需要在条件允许的情况下，将低洼处的城市泄洪管道二次建设，在其监测上也要加强力度，以求保障该区域的稳定性，以防出现不可控的情况。

（三）构建城市地下水监测网

目前我国部分区域，尤其是相对靠近内陆的区域，在水源使用上仍然以地下水资源为主要资源。而其区域都不可避免地存在地下水资源过度开采的现象，使得地下水水文情况环境越发恶劣，形成了恶性循环。针对这一问题，就需要相关职能单位重点展开对地下水资源的水文监测工作，要确立包括地下水储量、分布、补给及动态变化等监测内容，实时了解当前地下水的实际情况。根据需求对地下水的资源做好调整与优化，确保城市居民在享受目前实际资源的同时，为日后的使用夯实基础。

（四）构建城市水质监测网

当地的政府机构还需要设立专门的城市水文体系的监测网，保证各个区域范围内的用水、排水等问题符合国家统一制定的规范与要求，保证水质的同时确保水流分配更为平均，保证每一位合法居民的用水便利与用水需求。

总之，通过进一步分析，明确了提高水文监测工作水平的重要途径，作为相关工作人员，在有效的分析水文监测及其预警工作开展过程中，要不断结合具体工作实际，有效的探索相关技术的运用，以进一步提高水文监测工作水平。

第七节　水文监测与 GPS 技术

新时期，水文监测工作迎来了全新发展的大好机遇，通过分析 GPS 技术在水文监测中的应用，希望能够不断提高水文监测水平。

在水文监测过程中，积极应用 GPS 技术是必要的，这不仅适应了时代发展，同时也提高了工作效率，为此，将深入工作实践，对其进行全面研究。

一、GPS 技术概述

全球定位系统其英文简称为 GPS，主要含义是利用卫星系统实现三维定位，对海陆空进行高精度、高时效的精准定位，并可应用于导航领域中。利用 GPS 技术，可有效避免环境因素对地理位置探测的影响，其抗干扰能力强，同时可应用于较多领域中，效果显著，优势明显。利用 GPS 技术可在水文监测中发挥重要作用，同时与其他技术相结合，可实现对区域范围内水文水样的高精准监测，同时对样本区域内水文进行实时分析，并可利用信息技术将水文监测结果绘制成可视图，便于使用者利用可视化结构图对水体指标进行分析，并将其变化趋势与分析结果向有关监测部门上报，为相关工作提供参考数据。

相比于传统技术，GPS 技术在水文监测中主要的优势表现为：第一，具有良好的抗干扰性，可有效避免环境等因素的影响，适合在多种条件下进行监测，同时监测数据全面系统，可通过可移动、灵活性的操作完成作业；第二，与其他技术相结合，具有高精准的定位监测结果，将水文监测数据误差控制在最小范围内，数据的利用价值高，说服力强；第三，数据处理自动化程度高，在 GPS 技术系统中，可利用高度自动化的系统完成对数据的收集、存储、传送等，降低人力资源成本；第四，具有较高的智能化水平，可直接利用计算机对相关参数进行设置，通过计算机对现场发布监测指令。

二、GPS 技术在水文水资源监测中的实际应用

（一）实时采集与传输水位数据

利用 GPS 技术进行水文水源监测时，需要遵循一定的检测原则与步骤：第一，建立局部区域数据转换模型，将 GPS 的大地高程监测数据向 85 高程数据转化，统一数据的使用标准；第二，通过软件提取实时监测数据，同时进行高程模型转化；第三，使用

滤波技术对测量数据进行处理，提升数据的精确性，利用相关模型保障水文测量数据的精准度；第四，向监控中心传递所测数据，有效组合子系统数据，对水文数据编码后，再进行转换；第五；利用编程破译处理加密编码，有效管理有关数据；第六，利用智能化系统、软件程序等对传输内容、相关操作等进行编制，实现自动化收集、传输水位数据。

（二）在洪水调度工作中的应用

我国自然灾害频繁，种类繁多、危害严重，相关部门对灾害防治工作极为关注，利用 GPS 技术，可实现对洪水灾害的有效防治。在防洪抗汛过程中，利用 GPS 技术可通过对易发生险情的区域进行水文监控，及时判断灾害发生情况，通过调度水资源实现及时预警，为设计防洪抗灾方案、降低或分析灾害带来的损失提供直接的参考数据。现阶段在险情预防过程中，我国已初步建立可防汛减灾风险评估系统、指挥系统、应急预警系统等，均可利用 GPS 技术实现对水文变化的实时监测，将相关数据上传至有关部门，利用计算机曲线、计算机软件模型等，直观地展示水文具体情况、水位变化趋势等，进而为有关管理部门提供决策数据，保障方案、指令具有适应性，精准性，进而防止、降低水文灾害带来的经济损失。

（三）在流量与水质监测工作中的应用

水文监测工作中，对流量的监控难度较大。在传统方式中主要难度存在于对河流横断面的监测，使用 GPS 技术可有效地解决此技术难题。利用 GPS 技术以卫星定位实现监测河流断面，可实现对不同时间段水文情况的监控，提升监测数据的精准性、系统性及高效性，为利用流量判断工作提供便利。利用 GPS 技术可实现对不同种类河流、水域、水文的检测与判断，可通过采样数据对河水、湖水、海水中各项指标要素进行确定，进而绘制相关结果分析图，直观地将监测区的污染程度反映出来，有助于为有关部门采取针对性的水资源治理方案提供数据参考。

（四）GPS 技术在水文水资源监测工作中的展望

随着经济的发展，我国已建立了多个不同的蓄水泄洪区，合理利用相关方防洪资源，但是用传统的水文监测方式，难以实现洪水区的指标监测需求，监测设备、监测方式等难以准确反映洪水区的相关指标，因此监测结果并不理想，同时传统方式需要良好的环境因素才能保证监测结果的准确性，工程难度较大，不可控因素较多。在水文监测工作中，将 GPS 技术与 RTK 技术相融合，可有效改善传统水文监测中存在的不足。对水文进行实时监测，实现远距离采集、传输数据，保证监测数据的准确性、系统性、时效性，促进监测工作顺利进行。在水文资源监测工作中运用 GPS 技术时，应当注意：要最大限度地保证数据的准确性，将测量误差控制在合理范围内，不断完善监控系统，注意数据收集的精准性，利用科学的模型进行数据分析，结合现代化先进技术，保证水文监测结果的科学性。同时，利用与其他技术的结合，拓展 GPS 技术的发展优势，完善平台发展，实现资源共享。

总之，通过上述对 GPS 技术在水文监测中的应用实践进行探讨分析，希望能够为水文监测能力的提高提供有效保证。

第六章 水文监测技术的实践应用研究

第一节 水文监测创新与科技应用

目前水文监测和管理方法已无法满足水文事业可持续发展的目标要求。水文改革与创新是水文发展的必然要求，改革创新涉及技术创新、制度创新与管理创新，本节主要针对水文监测手段和方式方法，服务社会范围和内容，促进水文监测方式方法改革、技术创新和管理理念的创新，展开全面探究。

按水利部"2018 年年度全国水文资料整编工作有关要求"，为满足最严格水资源管理、河长制湖长制管理考核以及水文水资源评价等对水文资料时效性的要求，2018 年年度水文资料整编总体目标是 2019 年 1 月 31 日前完成全国水文资料终审验收。所以我们现阶段水文测报、资料整编、水文服务等与上级要求和新时代水文发展不协调，对水文测报、管理和服务社会各方面需要改革以适应发展要求。

一、水文监测的目的

水文监测是监测和评价水资源变化规律和质量情况，为合理配置水资源、防涝抗洪、水文分析计算、水库调度、水量调度、水质改善提供真实水位、流量、含沙量、降水量、水质信息。水文监测具有及时性、标准性、随机性及传统性特点。要求在传递、整理、采集数据时要快速准确，依据国家和行业标准、规范执行，确保水文测验满足社会经济发展要求。

二、研究方法转变

水文科学不断从数学、物理学、化学等基础科学中汲取养料。运用数学定律和方法描述水的运动，随着科技发展，不断引入许多其他学科新成就，出现了遥感水文学，同位素水文学，随机水文学，气象水文学等新分支。水生态文明建设和"河长制"工作的推行，极大地影响和引领今后水文工作的发展方向。

（一）大力宣传水文

水文信息要便捷直观，老百姓打开电视、翻阅报纸、查看微信，都能了解到生活饮用水、灌溉水源、水质环境等水文信息。

（二）与时俱进

大力推进水生态文明建设和"河长制"大环境下，水文要积极配合、主动介入、精心测报，尤其是在水环境监测、水资源评价、山洪灾害防治等方面发挥技术优势，为水生态文明建设、水环境治理，推行"河长制"工作提供技术支撑和保障。

（三）加强协作

水文应与气象、环保、资源管理、灾害防御部门的关系更加密切和谐，实现资源共享，优势互补。

（四）加强法制建设

政府要进一步明确水文监测的职责和定位，对水文发展给予充分法律保障。应把中华人民共和国水文条例、水文监测环境和设施保护办法、水行政审批事中事后监督管理办法等综合升级为中华人民共和国水文监测法。

三、水文监测基础创新

水文虽然有了长足发展，观测方式从传统驻测发展到驻测、巡测、遥测、水文调查等相结合的综合测验体系。水位观测由人工实现了自记水位计观测；渡河设施由最初的人力测船，到现在机动测船、电动缆道，不仅减轻了劳动强度，且大幅度提高流量、含沙量测验能力；虽然水文测报能力有了较大提升，但随着经济社会快速发展和经济结构持续调整、最严格水资源管理制度全面实施、涉水事件日益增多，对水文测报、预测预报和服务社会能力要求越来越高，目前我们水文测报能力还不能完全满足这些多元化需求。通过分析水文测站历史资料和水文特性，对测验方案进行优化，大力推广新技术、新仪器和新方法，提升水文监测快速反应能力及预报效率，用最好测验方式与手段，最终达到水文监测智能化。

四、水文监测服务理念的创新

树立全新服务理念，除了在技术方面创新，还要对服务理念创新，将水文测验技术理论水平、指导思想及先进仪器使用等有效结合起来，管理理念的转变是思路转变，传统水文测站是一个包含一定数量站房、设备、测验设施及工作人员的大组合。而现代化监测站由水文监测断面、自动检测设备及附属设施构成，这种全新的水文监测理念可以更好地服务社会经济发展需要。

五、水文监测技术精度的创新

传统水文是记录水文测量数据和附属项目参数，例如流量测验中起点距、流速信号、历时、水深、水位流量关系曲线。在测次布设中，依据现有规范，使用专业设备，结合相关人员实践经验，将水文测验每一个阶段工作目标进行科学确定，由于新技术和仪器的使用，必然带来和传统仪器测验方法、数据及精度矛盾。如何合理确定测验成果精度，要从测验方法、经济效益、实测数据精度、时效性和劳动强度等综合评价。运用科学优化设计试验检测方法及分析计算，通过试验、比测、率定、校验等方式，分析测站泥沙和流量测验仪器测量精度，另外还要密切结合整编和测验方法，确定水文监测技术标准适应性和先进性，定时更新相关技术标准。

六、目标是智慧水文

无论基础水文还是遥感水文，最终是实现现代化、数字化智慧水文，并借助物联网技术，把感应器和装备嵌入各种环境监控对象中，通过超级计算机和云计算将水文监测及环保数据整合起来，实现人类社会与水环境业务系统整合，以更加精细和动态的方式实现水文监测管理和决策"智慧"。智慧水文强调的是服务方式改进。水文必须适应时代发展。传统人工收集资料、刊印整编成果、发布水情公告，显然与现代社会不匹配。我们应该用更先进的装备，测得更准、更快、更有效率，以利于完成更多测报、分析。用富有时代感的方式，为社会提供更加快捷、方便服务。这就是智慧水文，一个中心、一张图、一个平台就是具体体现。

水文监测创新是一个复杂、庞大的系统工程，其涉及测验方法、运作方式和管理理念等。社会变化和技术革新可能让一部分人利益受到限制，可能会带来相应阻力，水文要为国民经济建设、水环境可持续利用与发展提供多种服务，要改变理念，进取创新，充分利用现代化科技手段，革新目前水文监测落后手段和测验方式。

第二节　3S 技术在水文监测中的应用

一、3S 技术概述

3S 技术通常是对遥感技术 RS、地理信息系统 GIS 和全球定位系统 GPS 这三大技术的统称，也是一项将计算机技术、空间技术和卫星定位技术相结合的高科技技术产物。其中，RS 技术是通过对接收到的地表地磁波信息进行扫描，传输并处理，可实现远距离的信息监控；GIS 技术需要依靠计算机技术为支撑，把搜集的地理信息统一管理、组合并加以分析、分类，得出的结果，通过计算机平台反馈到屏幕上，工作人员可直观地掌握地理信息；相对于 GPS 系统，人们最熟悉的就是定位。这三项技术有机结合起来，随着信息技术的发展，也在不断完善，这三者的结合已经成为信息化发展和数字化发展中不可缺少的一部分了。

二、3S 技术在水文监测中的应用

（一）对冰川、融雪进行监测与计算

冰川和融雪本身形态的差异，导致对这两者的监测本身就存在不同，也比较有难度。冰川的监测要考虑到其覆盖的面积与分布；而融雪的监测要考虑到积雪的情况，包括含水量、密度和厚度等重要指标。3S 技术在冰川和融雪监测的应用中节省了大量的人力和物力资源，使得监测工作的成本得以大幅度下降，而更深的意义则在于 3S 技术本身对监测工作的技术贡献。3S 技术能够获得大量的数据信息，这些数据信息的准确度是很高的，有利于研究人员更加全面的掌握信息和科学，大大提高监测工作的科技含量。在危险地段使用 3S 技术进行监测，能够有效保障工作人员的生命安全。

（二）对降水量的预测和计算

降水量因素对水文监测工作的影响是十分显著的，影响降水量的因素也是很复杂的，尤其是我国的降水量会因地域和时间的不同出现较大的差异，降水量的分布不均匀，这些无疑会给降水量、预测和计算带来很大的难度，而如果在不同的地区采取同样的检测计算方法，那么必然是不准确的。遥感技术作为 3S 技术中的重要支撑，在检测降水量方面的贡献重大，它不仅能够准确检测降水量的含水情况，也能对局部的降水规律做到准确分析，因此 3S 技术的应用具有重要的意义。

（三）对水文灾害的检测与评估

我国是一个水文灾害频发的国家，因此防治水文灾害是十分重要的工作。遥感检测评估系统的不断完善大大提高了我国水文灾害防治工作的水平。尤其是对洪水的预报。3S 技术的卫星图像能够准确地获取陆地的覆盖信息，通过建立各类模型还能够对洪灾造成的损失进行准确的预测和评价，对我国的防洪抗灾工作具有重要意义。

（四）监测水体污染，保护水资源

水体污染的监测容易产生偏差，尤其是在过去缺乏高端技术的情况下，获取的资料很难做到系统和全面，而要减少误差，则通常需要耗费大量的人力和物力来进行采样和重新计算，尽管如此，仍无法满足水体污染监测的标准。3S 技术出现之后为水体污染的监测提供了大量准确度极高的数据信息，尤其是 RS 技术，即使某个水域的水体污染极为严重，RS 技术仍然可以进行极为准确和及时的监测，以最为快捷的方式找出问题的所在，为后期水资源的保护工作提供了极为便利的条件。

（五）建立矢量图形和遥感影像库

3S 技术的便捷性可快速、准确地搜集到沿江地带的图形、图像等数据信息，数据搜集后可建立较直观的数据高程模型，对水文实时动态进行监测。其中图形资料包括沿江的各种地形图、行政区图、土地利用现状和植被分布等专题地图，尤其是要收集已有的电子地图，这些资料中包含着所必需的空间信息。收集地形图的目的主要是提取当地的高程数据以建立数字高程模型（DEM），以及对遥感图像进行几何配准和校正。为了使研究的最终成果发挥最大的效用，要求所收集的地形图比例尺要大，其中的高程数据也要尽可能精确。如果比例尺过小，可以应用 GPS 技术来补测数据以放大比例尺。对于坡度变化较大且等高线较稀疏的地方，也需要应用 GPS 技术补测数据以对等高线做加密处理。因为所有的分析和计算都是基于电子数据的，所以要通过 GIS 对收集到的非电子形式的图形资料数字化，建立起矢量图形库。

3S 技术对水文监测工作有极大的便利，具有重要的影响，对于新时期水文监测工作来说，加强对 3S 技术的掌握和应用，可大大减小人力、物力的支出，在人工不便的情况下，可有效工作。对整个水文检测工作来说，它采集内容快，提高了工作效率，对保护水文环境、防治水资源污染有着极大的帮助，对我国实现可持续发展的战略目标有着推动作用。

第三节　水文监测在防汛抗旱中的应用

　　水文监测工作是水文工作的重要组成部分，是水文工作的窗口和立足点。但在防汛抗旱工作中仍然面临诸多困难，为了更好地适应防汛抗旱的需要，促进国民经济的稳定持续发展，我们必须提高对水文监测工作的重视力度，通过各种措施来保证水文监测工作的顺利进行，从而保障防汛抗旱工作的有效实施。

　　长期以来受我国独特的地形、地貌和气候的影响，水旱灾害成为我国最主要的自然灾害，给我国人民的生产生活带来很大的影响。桃江水文站是国家基本水文站，为整个资水中下游防汛抗灾提供实时的洪水预报数据，是防汛决策的依据，它测验项目多，平时就要做观测雨量、水位、蒸发、测流量和水情预报等工作，洪水来临时更要顶住风雨，不停歇地测报洪水的整个涨落过程。水文监测作为抗灾减灾过程中最重要的非工程措施，是我国进行防汛抗旱工作的重要依据。

一、水文监测在防汛抗旱工作中应用的重要意义

　　水文工作是水利工作的基础，水文监测工作是水文工作的重要组成部分，是防汛抗旱的重要耳目和做出防汛抗旱决策的重要依据。从目前情况来看，我国在水文监测工作上的经费投入不足，部分水文站水文测报设施落后，测洪能力偏低，给我国的防汛抗旱工作带来了很大的影响。水文监测工作的好坏、技术水平和服务质量的高低对于防汛抗旱工作有着最直接的影响，其不仅关系我国的工农业生产，更关系广大人民群众的生命财产安全，因此加强对水文监测的研究具有重要意义。

二、水文监测在防汛抗旱工作中的作用

（一）水文监测在防汛工作中的作用

　　水文监测在防汛工作中扮演的角色不可小觑。水文监测如果不能及时准确地反映出当前的洪水信息，就会错失抗洪救灾的最佳时机，进而就会对居民的生命安全以及财产安全产生威胁，造成不可估量的损失和麻烦。如 2017 年 6 月 30 日，受多轮强降雨叠加影响，益阳市资水沿岸水位全线超警界、超保证水位，防汛形势非常严峻。7 月 1 日资水重要控制站桃江水文站的洪峰水位达到 44.13 米，距 1996 年历史最高水位 44.15 米（与原老桃江站换算）仅仅相差 0.02 米，为历史第二高洪水位。面对如此严峻的防汛形势，

桃江县水文站通过周密部署，实时监测水位、抢测洪峰、施测流量、取沙采样、发送报文。面对持续降雨，夜晚测洪视线不好、测船湿滑、洪水漂浮物多的重重困难，大家不懈努力，协同配合，测到了完整的洪水过程，准确地发出了每一份雨水情信息，全面完成了此次洪水过程的各项测报测验任务。可见一旦水文监测无法有效完成，就会在极大程度上造成不可估量的损失。基于此，对水文监测加以重视是防汛工作顺利开展的必然选择。

（二）水文监测在抗旱工作中的作用

我国各地区都曾经发生过旱灾，即使近年来我国的水利建设已经得到完善和健全，在极大水平上提高了防旱抗旱的能力，但是对于我国的工业以及农业生产来说，干旱对其仍然存在着影响，从而在某种程度上制约着各个行业的生产和发展。如 2015 年桃江站受枯水期降水明显偏少影响，特别是在 2 月 1 日至 7 日柘溪水库出库流量为 9m³/s。特殊水情下，桃江站接连刷新建站以来的最低水位。与防汛相同，水文监测对抗旱工作也发挥着极大的作用。桃江县水文局通过加密人工观测，确保测报工作有序进行。增设临时水尺，及时校测全部基本水尺及大断面，于 2 月 8 日 19 时实测到建站以来最低水位 30.75m，最低流量 11.3m³/s，确保了 2015 年汛前准备工作有序地进行。一般情况下，水文监测需要对各个地区的旱情信息进行统计，进而准确地预报出将要发生旱情的地区，从而为防旱抗旱工作提供详细准确的信息。

三、水文监测在防汛抗旱中的应用

（一）做好防汛抗旱的基础性工作

基础性工作的好坏是顺利开展水文监测工作的前提。通过建设水情分中心来提高雨水情信息采集、传输的速度和雨水情信息的分析能力，对于提高水文监测的技术水平有着极大的促进作用。在大范围区域内建立自动监测站网，一方面能够节省大量的人力和物力，减轻工作人员的压力；另一方面也可以保证水文监测的及时性和准确性，从而为防汛抗旱工作提供更好的技术支撑。水文监测工作是一项长期的工作，洪灾和旱灾的发生也不是突然出现的，而是有一定的征兆的。水文监测工作人员要实时地对枯季径流及土壤墒情的进行观测和分析，这样才能够保证在需要的时候及时地提供最新的信息。

（二）做好汛前准备工作

近年来国家对水文监测工作提出了更高的标准和要求。尽早地对防汛抗旱工作进行部署，例如加大对相关工作人员的培训力度、准备应急预案、对水文监测汛站进行及时的检测维修等；落实水文监测职责，加强对相关工作人员的领导，建立防汛抗旱责任制，明确各级职责，工作层层落实，从而为防汛抗旱提供严密的组织保障；提高水文监测的技术水平。随着科学技术的逐渐发展，计算机技术和互联网技术已经逐步的应用于水文监测工作中，因此，为了保证水文监测的及时准确性，我们需要对相关的水文预报软件进行更新和完善，如完善转收报软件来确保雨水情信息的时效性、完善水情查询系统、完善雨量等值线分析系统等，以便更好地为防汛抗旱部门提供准确的雨水情信息和预报信息。

（三）做好汛期水文监测工作

"信息灵、情报清、反应快、预报准"是水文监测工作的基本要求，为了保证雨水情信息的采集、输送、分析、处理、预报等各个工作环节的顺利进行，要坚持两个原则。首先是坚持保证水文监测质量的原则，对此，工作人员要严格按照相关制度做到不迟报、不漏报、不错报，确保重要雨水情测得到、报得出、报得及时。其次，要严格遵守水情工作的参谋作用原则，水文监测工作人员要及时地收集天气预报、卫星云图和各地区的雨水情信息，遇到紧急情况时及时地向上级汇报以保证各类信息的及时收集和提供。同时水文监测工作组应采用不同形式来编发各类水情简报、快报、早报等，并实时地开展阶段性雨水情分析和洪涝、干旱预报。

水文监测是顺利实施水文工作的前提和基础，雨水情信息是否准确、有效对于防汛抗旱工作的影响是至关重要的，这不仅关系着农业的生产质量，也关系着人们的生命财产安全。

第四节 自动化技术在水文监测方面的应用

目前，随着我国经济的快速发展，环境保护也成为全社会各个人员关注到的热点问题，受到了极大的重视。在环境保护当中，水文监测也起到了非常重要的作用，具有十分重要的意义。本节笔者就主要结合云南省西双版纳州的实际情况，探讨一下自动化技术在水文监测方面的应用。

一、自动化技术在水文监测当中应用的现状

在最近几年当中，自动化技术的不断应用使得水文监测的速率和技术有了明显的提升，而且获取到的水文信息还更加高效和精确，对我国整体环境保护起到了很好的促进作用并产生了积极影响。在最近几年中，随着技术的不断发展，自动化技术在社会生产

的多个领域都有了广泛的应用和发展，并且在这些领域当中，当然也包括水文监测方面，起到了十分巨大的作用。水文监测自动化技术的应用，很大地提高了我国环境的监测水平，所以在当前情况下，如果能够充分利用水文监测自动化技术，那么对于我国整体的环境保护就有了积极的作用和影响。以下就以云南省西双版纳州的具体情况为例，简述一下自动化技术在我国水文监测方面的应用现状。

近几年，我国水文监测技术也正在朝着自动化的方向发展，通过应用自动化技术来进行相应的数据处理可以获取到更加准确的信息，还可以实现水文数据的自动存储和传输，起到了十分积极的作用。目前自动化技术已经广泛地应用于水文监测领域当中，大到一些江河、湖流等等，小到一些水渠、水库等等，应用面十分广阔。并且现在很多监测人员都充分利用了网络信息技术建立起了信息中心站，这样就可以很大程度上实现了实时监测，不断使得水文监测的实效性得到很大的提高。而且一些自动化的电器设备，比如水位实时在线监测等等都在水文监测中得到了有效的应用，更加方便地了解到水文环境的实际情况，更加准确地获取到有关的数据和信息。

二、水文监测技术监测的范围和内容

（一）水位的采集和传输

近几年来，用于自动化监测的水位传感器主要有压力式水位计、电子水尺和超声波水位计等等，并且这些传感器还可以直接地介入到 RTU 上，自动地监测水位参数。目前一些省级单位的水文监测站和各个数据采集站之间的通信主要采用手工抄录或者是电话线传输的方式，这种方式不仅浪费时间，而且费用也比较高，极大地增加了工程的生产成本，并且由于各个监控点分布的范围数量比较多，距离比较远，个别监控站还处于比较偏僻的地方，所以有时候就会需要申请很多电话线，具有了一定的不便利性，还有些监控点的线路难以到达，造成信息传输过程当中存在很大的困难。

（二）人工监测技术主要存在的一些问题和障碍

在人工监测技术模式下采用的记录方式都是以模拟方式为主，在这种模式下，即使采用数字方式记录，也很难输入计算机中处理，存在着很大的问题。而且相关的基本处理还都是依靠人工来判断，不仅浪费了巨大的时间，还会存在各种各样的问题，导致信息在传输过程中出现偏差。除此以外，有关于水文信息的采集、运输以及处理等等的时效性和准确性也都比较差，存在着各种差错，都无法满足现代水文监测的需求，无法跟上时代的脚步，需要慢慢不断地被淘汰掉。

三、在水文监测当中运用自动化技术的优点

（一）采用自动化技术，实时性比较强

在水文监测当中，通过合理的采用自动化技术，可以很好地提升水文监测的实时性。通过采用一些自动化技术的设备，可以有效地利用网络信息技术，并且形成实时性的在线监测系统，这种系统可以在最短的时间内了解到所监测范围内的水文情况，分析出它们的各种信息，获取到有关的数据。并且水文监测自动化技术还有着强大的数据处理功能，这个功能是人工监测技术所远远不能达到的。自动化技术应用，可以在同一个时间内同步处理多个监测点的水文数据信息，这有利于提高水文监测的效率和速率，还可以在更加高效的情况下，实现水文数据的采集和运输等等。水文监测自动化技术的应用，还扩大了水文监测的范围，对一些比较处于偏远的地区或者山区和乡镇等等都可以进行有效的数据采集，还可以及时利用一些无线网络进行信息的反馈，达到水文监测远程监控的目的。

（二）自动化技术的应用，扩宽了水文监测的功能

经过相应的数据调查很容易发现，通过采用自动化技术，可以有效地扩宽水文监测功能，一些 GPRS 技术的应用，也很大地扩大了水文监测的分布范围。随着现在整体时代的不断进步，水文监测需要不断扩宽领域，应用面要求越来越广，并且需要获取到更加准确的水文信息。在当前时代下，对于水文监测的功能要求越来越高，而自动化监测技术可以很好地满足了水文监测的各种需求，实现了这一目标。

（三）自动化技术的应用，使信息传输的速率更高

信息之间的传递过程属于十分重要的，信息中心站与每一个水文信息采集点都要进行有关的数据传递。采用人工监测技术无法保证传递信息的准确性和高效性，有时还会出现信息传递时间过长的现象，造成信息无法到达，影响了工作的顺利开展。通过采用自动化技术，充分地保证了传递信息的高效性和准确性，而且面对众多的信息采集站，还可以更加保证传递信息的准确性。即使面对的是一些大量的数据信息，他们在运输过程中，也可以很大程度上确保传递的速率。因此水文监测自动化技术的发展对于提升水文监测信息传递之间的速率有了积极的促进推动作用，确保了信息的及时传输，也更加保证了传递信息的准确性。

（四）通过采用自动化技术，使得水文监测系统的传输容量不断增大

传统的水文监测技术方式，在一般情况下，传出的信息容量都比较小，因此，如果

面对信息量过大的情况，那么在传输过程中，就会存在各种各样的差错，而如果采用自动化监测技术，那么不仅信息传递的速率比较快，而且针对的信息容量还比较大，更加方便了大容量信息之间的传递和运输。

四、自动化检查技术在我国水文监测当中的具体应用

（一）建立起来了完善的水文监测系统结构

在信息传输过程当中，水文信息采集点、信息中心站以及移动数据传输网络等组成了一个完整的水文监测系统结构，在这个系统结构当中，各个结构构件都需要完成各自自己的功能和作用，而且顺序还保持着具有一致性的特点。首先就是采用 GPRS 透明无线数据传输终端，然后再接入专用网络当中连接信息采集点。这种水文信息采集点的连接方式对于信息传输的时间、空间以及数量等等，都没有严格的限制和规定，它可以满足在不同情况下对水文监测的需求，适用的面和范围都比较广，起到了积极的促进作用。

在这些结构当中，信息中心站属于一个核心环节，它通过一些公共网格连接网络代理服务器等等，在 GPRS 数据传输终端的作用下，就可以固定地对于网络代理服务器进行询问。并且在信息中心站当中，控制中心以及代理服务器等等也不可缺少，都起到了各自一定的作用，发挥出了不可代替的作用效果，监控中心可以有效地维护数据之间的传输，使得信息的通讯可以顺利地传递下去。对于水文监测点中心站的数量要控制在一定的范围当中，根据实际情况来增加或是减少采集点的数量，从而满足水文监测的各种需求。

（二）综合性的水文监测系统

水文监测系统的自动化发展，可以很好地推动水文监测的综合性发展，两种发展之间还有了很好的协同作用。水文监测的综合性发展，可以使得监测人员能够对雨量流量以及河流的水位、地下水质等等各个方面都进行综合的监测和数据统计，从而不断完善水文监测技术系统。它可以获取到更加精确的信息，合理配置水源地，不断地优化水质；当进入到汛期的时候，还可以通过自动化水量流量监测，了解到雨量的信息，及时地进行实时掌握，并且可以设置预警系统，当出现紧急情况时，及时地发出警报，有效预防洪灾的发生。水文监测自动化技术的发展还可以实现对不同水文条件的综合性监测，通过对水位、雨量流量以及泥沙等有效的实验和监测，可以更好地为环境保护提供重要的参考依据。

目前我国的水质问题比较严重，而且我国也正在不断地倡导环保，因此在这种情况下，在水文监测当中就需要充分采用自动化监测技术，从而不断提高水文监测的精确性和准确性。

第五节　GPRS 在远程水文监测领域中的应用

随着科学技术水平的不断提高，各个行业都获得了较大的发展。近几年我国水文监测工作也取得了一定的进步与发展，这一切都与 GPRS 技术的应用有关。GPRS 技术是一项较为先进的技术，在各个领域都具有一定的应用价值，尤其在水文监测领域更是具有重大的应用意义和价值。通过应用这项技术，能够实现全天候的水文监测，保证监测质量，提高监测效率，更好地满足水文监测工作的需求。因此，针对 GPRS 技术在水文监测领域的应用值得人们进行深入探究。

针对 GPRS 在远程水文监测领域中的应用是有必要进行深入探究的，因为这关系着我国水文监测工作开展，同时对我国社会经济的发展也具有重要的影响。只有加强GPRS 技术的研究才能更好地掌握这项先进的技术，并充分发挥这项技术的作用，实现这项技术的应用价值。因此，这就要求有关的工作人员能够懂得利用这项技术，以真正实现我国远程水文监测领域的进一步发展，更好地促进我国社会的和谐进步。本节针对GPS 在远程水文监测领域中的应用进行了以下分析。

一、GPRS 的概念内涵

（一）含义

GPRS 实质上就是分组无线技术的英文简称，在分组数据承载业务中是一种新型的业务系统，其属于 GSM 的一个分组交换系统，主要适用于间断的、突发性的或者是频繁少量数据之间的传输，但是也适用于连续或大量数据的传输。

（二）GPRS 优点

GPRS 技术是一种先进的技术，在远程水文监测领域中具有重要的应用价值。与传统的监测技术相比。他有其自身的优势所在，具体体现在以下几点：首先，GPRS 技术能够实时的进行在线传输，以便更好地与客户保持联系。其次，通过这项技术，用户能够随时进行登录，以实现 GPRS 的高效链接。再次，快速传输也是其重要的优势所在，它能够保证数据的高效传输，更好地满足用户的需求。最后，这种技术的应用成本也较低，因为其工作时按照流量进行收费，这就在一定意义上节约了成本。

二、GPRS 进行水文监测的特征

（一）具有全天候、实时性的特征

其在传输的过程中可以实现对多个数据的实时性传输，在监测工作中心可以完成双向快速的通信，而且相互不会产生干扰，可以极大地满足客户的数据采集和传输工作，目前，在工作的应用中数据的最大传输率为 31kbps，其可以满足 11kbps 的系统传输要求。

（二）运营成本低

GPRS 的计费标准是按照流量来收费的，不工作的时候就可以关闭流量，这样就不会产生费用，而且收费的标准是统一的，不会存在漫游的费用，如果是以包月的方式进行收费，就可以不受流量的限制，这在很大程度上降低了水文监测的运营成本。

（三）监测范围广泛

我国目前已经实现了 GPRS 的全面覆盖，而且接入的地点不受限制，即便所处的地区比较偏远，也可以实现对数据信息的传输，一般水文监测工作的地点都是在比较偏远的地方，分布的范围很广，GPRS 在范围上极大地满足了实际工作需求。

（四）传输过程耗能少

GPRS 不受传输地点的限制，即便是在野外作业，其在传输过程中的耗能也是非常少的，可以实现和传输中心之间的双向通信，一般的传输设备的耗能都在 210mW，它可以采用蓄电池或者太阳能的供电方式，相比传统的传输方法，在能耗方面得到了极大的降低。

（五）可对各监测点仪器设备进行远程控制

通过 GPRS 双向系统还可实现对仪器设备进行反向控制，如时间校正、状态报告、开关等控制功能，并可进行系统远程在线升级。

三、GPRS 在水文监测领域的应用

（一）数据的采集与传输

以往我国的水文监测部门在进行远程水文监测时，通常是通过人工手动抄录相关的信息或是利用 PSTN 的电话线进行传输的方法，来实现远程水文监测中水位点的数据采集和传输。尽管利用人工手动抄录和 PSTN 的电话线的办法可以有效地进行信息的传输，但是工作效率较为低下，且成本较高，不具有经济意义。一般情况下进行水文监测的都是较为偏远的地区，受各方面因素的限制，对于电话线和电话点等需求较难满足。利用

GPRS 技术则无须考虑电话点和电话线的建立，且该技术具有可以进行大量的信息传输且只需要较低的成本、传输速度快、工作效率高的特点。目前，因其各方面的优势以及较好的适用性，得到了人们的关注和重视，并且已得到较为广泛的适用。

（二）健全数据传输终端系统

利用 GPRS 传输速度快、费用低、不受自然环境的限制等优点，来完善数据传输的终端系统，这样可以实现在遥测站直接对水文信息的获取，因为 GPRS 的安全性能很高，所以在数据的传输接收过程中，对于信息的安全性有着极大的保证，GPRS 的技术逐渐成熟，在使用时可以根据客户的需求进行选择，而且也可以实现对一些相关资源的共享。

（三）水文信息中心站

中心站由实时监控服务器、数据库服务器、通信设备、电源系统、防雷设施、软件系统等组成。主要完成以下功能：实时显示水文信息；实现各水文站、遥测站的雨量、水位信息的自动采集和存储；实现水文水资源信息与省中心或防汛部门、自动测报系统中心的自动传输；提供实时水情分析及水情预警服务；对站点任意时间的水位、雨量、日雨量和累计雨量信息的查询；对所形成各种水文要素资料整编成表。

随着时代的不断进步与发展，人们的生活方式与工作方式已经发生了很大的改变。这一切都与技术的进步有关，技术是推动时代发展的关键因素，是保障人们生产质量的关键性武器。通过应用先进的技术能够进一步提高工作的质量和效率，同时有利于人们的需求得到更好的满足。而 GPRS 就是一种先进的技术，在我国的水文监测领域具有重大的应用价值。相比传统的水文监测方法，GPRS 技术更能够适合社会发展的需要，对于一些问题也能够很好的解决，如偏远地区无法有效地建立电话点和电话线等问题。GPRS 技术可以快速地实现大量数据的有效传输，从而满足了远程水文监测要求，使水文监测工作得以正常有序地开展，有利于取得良好的监测效果。针对 GPRS 技术有必要进行深入的探究，并且不断地进行创新应用以进一步发挥它的价值和作用，促进社会的和谐进步与发展。

第五节　测绘技术在水文监测系统建设中的运用

测绘技术在水文监测系统建设中具有巨大价值，其中大量使用的测距技术、地理信息系统，可用于监测系统的布点工作，提高布点的科学性且减少工作量。测绘技术在信息采集方面有无可比拟的优势，可实现水位测量、水温监测、水质监测，测绘技术中大量应用的 GPS 技术等通信技术可作为水文监测系统信息传输的方法。

我国疆域广阔，跨纬度、经度广，江河众多，流域水流量大，受季风气候影响，水位季节变化较大，汛期长，不同地域的江河汛期不尽相同。加之水环境受到破坏，气候变化，洪涝灾害发生风险明显增加。有报道显示，1990—2002 年，我国洪涝灾害造成人员伤亡 25 000 人左右，经济损失占 GDP 的 0.8%，2003—2012 年洪涝灾害造成的经济损失超过 5 000 亿人民币。国务院陆续颁布了《中共中央国务院关于加快水利改革发展的决定》《国务院关于切实加强中小河流治理和山洪地质灾害防治的若干意见》等文件，明确要求加强河流的治理工作。水文监测系统是防治洪水灾害的重要组成部分，是基于对水文信息基本条件、影响因素全面认识基础上建立起来的信息系统，当前传统的人工观察信息采集为基础的水文监测系统，已开始被远程信息系统取代。测绘技术是对地理信息进行测量、绘制的综合技术，可作为水文监测系统的数据来源。

一、水文监测概述及测绘技术的价值

远程水文监测系统实现对辖区河流、水库监测点的水位、流量、温度、湿度、水质等水文信息实时监控、采集、处理和反馈。对水文点进行实时监测是远程水文监测系统建设的基础条件，但需注意的是，监测点分散且分布范围广，设置区域环境恶劣，选择测绘系统所广泛采用的 GPS、遥感等，可实现大范围远距离信息传输，获得测绘图片，用于水文信息整体分析。河流水位的测量是水位监测中的重要工作，对河流水位测量主要通过测量河面与监测面距离来实现，测量距离的方法较多，传统的测量方法存在不可克服的缺陷。例如，电极法因电极长期浸泡在水里和其他液体中，容易被腐蚀。测绘系统中有大量的测距方法。例如，GPS 技术，已能够实现高精度测距，分析梯度水位；测绘技术中的遥感技术还可实现水温的检测。

二、测绘技术在水文监测系统建设中的运用

（一）监测点选择

水位监测的站点选择是建设水文监测系统的前提及基础工作，新中国成立以来，水利部门通过人工观察等方法，在水库、水坝等水利设施及江河岸标志性地点设立水文监测点，如鄱阳湖周围著名的星子站。这些旧的站点，已经无法满足远程水位监测的需求，主要原因为：A.新系统功能的实现，必然需要更多的监测信息来源，传统的监测点数量明显不足。B.历经数十年，水环境已发生了显著变化，我国主要几大淡水湖的面积都在明显缩小，传统的水位点明显无法满足监测系统建设需求。C.旧有的监测点可能存

在设置不合理情况。而测绘技术在监测位点选择上有重要意义，特别是计算机互联网技术、信息遥感测绘技术的应用，可进行大范围的网上作业，科学选择监测位点可减小劳动强度、成本并减少现场观察工作量。例如，RS 测量技术测量范围广、包含的信息量大，从太空或高空以飞行物、卫星为平台进行测绘，通过无人机遥感、卫星遥感、飞机测绘等方法，能够全面评价水域情况，在历次洪灾的治理过程中，遥感技术在灾情分析上都发挥了重要作用。遥感技术获得的数据，纵向对比价值较高，通过对比历史数据，能够有效判断区域内水域面积、水位点的变化，从而指导监测点的选择。基本策略：第一，遥感分析。分析一段历史时期内汛期、枯水期的水域，在这个区域内选择监测点。第二，分析整个区域内的地形高低、历史洪灾水面积变化，预测洪灾发生后的水域、区域内水文监测点建设的难度以及投入，综合选择理想的水文监测点。需要注意的是，实际测绘数值偏差问题受精度、测绘时间等因素影响，遥感技术尽可作为大概地点选择的策略，若需要准确定位监测点，还需现场测绘，利用无人机技术、肉眼观察等方法选择监测点。当前，利用遥感、GPS 技术开展水文监测系统监测点的选择尚处于起步阶段，特别是许多遥感、定位测绘技术存在技术限制。例如，GPS 技术属美国军方开发的技术，尽管能够为测绘提供精确的定位坐标，动态、静态定位精度高，但存在信息泄露问题，在进行实地测量时还应选择全站仪导线控制测量、GPS-RTK 技术测量法，以帮助监测点布设的顺利开展。

（二）信息采集与功能实现

测绘技术在信息采集方面有无可比拟的优势，主要包括：第一，水位测量。测绘技术中的定位技术大量采用的距离测量技术，可作为水位测量技术，如 GPS 定位实现较小江河水位测量，遥感技术能够从空中大范围观察水域变化，从而判断水位。需注意的是，对于水位监测，当前水利部门更倾向于价格低廉、容易实现的超声结合温度补偿法监测技术，测绘技术在水域面积监测中的价值更高。第二，水温监测。遥感技术中的红外遥感技术能够实现水域温度监测，可减少布点，而对于较小江河的水温监测，仍需要监测点实现，目前已经有非常成熟的水体温度传感器，能够实现温度的精确测量。第三，水质监测。遥感技术在水质分析中能够发挥重要作用，通过分析水域内色温变化、水环境改变等信息，可进行水质评价。

（三）信息通信

水文监测系统可以说是基于全球定位系统 (GPS) 或北斗、遥感 (RS)、地理信息系统 (GIS) 等测绘或相关技术为核心建设的，测绘技术在信息通信中发挥着重要作用。

（四）水业务管理

水文监测系统的重要目的在于防范洪涝灾害、提高水资源管理水平、提高水污染治理水平。前文提到测绘系统能够实现水位信息采集，从而实现相应的功能，如水位测量能够用于水量分布分析，不仅可用于洪涝灾害的分析，还可用于水资源的计算；水库水域面积分析可用于水库存量分析；遥感技术可实现灌溉面积的分析，用于分析灌溉用水利用效率，指导灌溉用水的供应管理，避免水资源浪费。对于水污染的遥感分析，在水文监测系统中可作为水污染来源、严重程度、治理效果的判断，随着遥感技术水平的进步，其能够获得的信息也越来越多。测绘系统中的遥测相关技术，在洪涝灾害预警中也能够发挥重要作用，能够判断水量、预测上游来水量、分析周围可能受灾的区域，从而预警洪涝灾害，判断受灾风险，指导洪涝灾害防治。

当前，因 Google Maps 获得巨大成功，国内网络地图提供商，如高德、凯立德、百度 API 也如雨后春笋般出现，百度地图因强大的搜索服务、高覆盖率，占有大量的市场份额。百度地图有许多特色功能，如测距、截图等，可以节省大量的测绘工作量。这些工具重视跨平台使用、软件重用、数据共享和易于集成，相较于传统的 GIS，具有许多优势，可降低系统成本、具有良好的扩展性，在水温监测系统建设中也能够发挥重要作用，用于水文监测布点、水域分析等领域，为系统业务功能的实现提供支持。水利部门可尝试与测绘部门、网络测绘数据服务商进行合作，获得更多的数据支持，节省系统建设的工作量，同时不放松现场观察，充分利用现场测绘技术，实现实地定位及测距。重视测绘技术中信息协议的利用开发，作为给水文监测系统建设提供信息传输技术的支撑。值得注意的是，对于遥感等测绘技术信息处理是难点，信息处理的效果直接影响着水位、水量、水质分析质量，这对系统开发者的数学能力提出了较高的要求。

第六节 水文自动化在雨水情监测中的应用

自动化技术广泛应用于多个领域，其中应用最显著的领域就是雨水情监测领域。在进行雨水情监测的过程中，设置多个监测点，监测装备能够自动获取监测数据，并将监测数据传递到接收器一端，便于检测人员进行数据整理与分析。本节就针对水文自动化技术进行了探讨，对水文自动化的应用、优势等进行了分析。

伴随科学的进步与技术的完善，自动化技术得到了广泛的运用，其中一项重要的应用领域就是雨水情监测。在雨水情监测过程中，需要设置大量的监控点，将这些监控点的监测数据获取后传递给数据中心。传统的水文监测选取电话线传递数据，而现今采用数据网络进行数据传输，这种方式不仅在成本上大大少于传统模式，同时也确保了数据传输的稳定性，增加了数据的精准性，提高了水文管理工作的高效性。

一、水文自动化应用的目标与任务

在工程中引进水文自动化技术，应用自动化系统，主要是为了实现以下几个目标：对监测点的水位情况、流速大小、流量多少、雨水含量、水质指标等进行不同时间、不同地点的监测。水位高低与雨量多少能够直接判断出雨水情的真实状况，根据自动化技术提供的信息与数据，对水资源进行有效的配置，进而充分发挥水电设备的防洪防涝、蓄水备用等功效，确保施工过程的安全性，并且能够对易产生洪涝灾害地区的人民的人身安全予以保障。

为了对雨水情进行更加深入、更加准确的了解，提升工程的整体效益，水文自动化技术存在以下几方面的任务：对水位高低的相关信息进行获取与上传；对雨水量多少的相关数据进行获取与上传；对监测到的水位高低、雨水量多少的相关数据进行储存，并对信息加以管理；对监测到的水位数据、雨水量信息进行分析，联系历史资料对这些信息进行潜在风险探测；综合已有的洪水线等信息，对探测到的风险进行防范，并及时预警。

二、水文自动化应用的优势

（一）投入成本低

水文自动化技术采用无线网络进行数据的采集，相较于传统的数据采集模式，这种模式只需要安装相关的通信设备，无需再进行网络的创建，因此在成本上节约了很大一部分；与此同时，应用自动化技术能够实现实时监控，由于该技术应用无线网络进行数据传输，因此能够保证数据传递的流通性，同时还能够实现数据边监测边传递的目标，不会出现延时现象。不需要轮回就能够完成对各个监测点数据的接收及存储，通过这种无线网络能够比较好地满足信息实时传输要求。

（二）监控功能强大

首先，系统的监控范围非常广。自动化技术不会受到外界条件过大的影响，即使是在偏远的山区以及非常恶劣的环境下应用，依然能够正常工作。即使监测点的分布非常扩散，也不会影响到自动化技术的监测结果，因此该技术能够监测非常广阔的范围。其次，自动化技术采用无线网络，并且无线网络几乎实现了全面覆盖，监测区不会出现盲区，这也为大范围监控提供了很好的基础，能够满足监测工作中监测点的有效采集。最后，能够实现远程监控设备。该技术能够远程进行时间校对、监测开关调控等等，能够运用网络实现系统的在线升级。

（三）传输效率高

水文自动化传输效率高体现在两个方面，一方面是具有非常高的传输速度。当前的数据网络传输速度能够达到 171.2 Kbit/s，传统的雨水情监测点的数据传输速度仅仅能够达到 10 Kbps，但是应用自动化技术能够将速度提升到 40 Kbps，因此大大提升了数据的传输速度。另一方面，传输容量较大。在对雨水情进行监测的过程中，需要设置非常多的监测点，因此会得到非常多的监测数据，自动化技术能够实现实时监测与数据的实时传输，不仅具有非常大的数据容量，同时能够降低突发现象引发的数据丢失的现象发生。

三、自动化技术在实际应用中的注意点

（一）设备安装与采集

现今自动化技术在雨水情监测中的应用主要是对水位高低的监测以及雨量多少的监测。当前，很多单位都采用自动化技术制成一站式的水文信息遥测站。监测站的监测点分布于各处，并且由无线网络技术加以维持，所以自动化技术在实际的应用中，设备的安装会采用电能与太阳能相结合的发电系统，这样能够实现设备的有效运行。对于水位监测站点的安装，需要测量监测点的高程，以便后续的计算，同时在安装完毕时，再遵照预先设置运行设备。对于雨量计的安装，共有两种模式，一种是虹吸模式，另一种是翻斗模式，而后者的应用比较广泛。同水位计相同，雨量监测站点安装完毕，需遵照预先设置运行设备。

（二）数据传输与管理

在雨水情监测中，监测站都呈现出分散模式，但是数据都是集中管理。为了确保数据的有效传输，就不会选取不同站点中的架线传输模式，而是选用远程无线控制模式，当发生危急情况或是特殊情形时，会由人工进行数据的采集。而无线通信主要包括几种形式：超短波数据传输、卫星传输以及移动数据网络。最后一种通信形式现今广泛应用于自动化技术中，正是基于移动网络已经覆盖大部分地域，数据信息的高速传输不仅能够确保传输的稳定同时还能够减少运行成本的投入，因此在自动化技术应用于雨水情监测的系统中，大多采用移动数据网络。由这种无线通信模式进行数据采集，能够对水位情况与雨量情况进行高效、精准、实时监测，并能够将数据全部传输到信息控制中心。

通过构建相应的数据库和开发建设相应的信息化管理软件，实现数据的统一管理、访问与共享。

（三）预警

自动化技术应用在雨水情监测时，预警功能尤为关键。此功能创建的目的就是在预测灾情时，可以在最短时间内发出警报，并提供有利的信息，构建预防灾情的系统，确保决策的正确、及时、有效。雨水情监测过程中，预警分为两个方面：一方面是低于正常值，此类信息不会造成工程灾难，但是会影响经济收益，该现象通过邮箱方式发出；另一方面则是超过安全警戒值，此类现象不仅会引发工程事故，同时还会对居民的生命造成威胁，该现象都是通过短信方式发出。当监测数据与历史资料相差不大，系统会将信息发给管理者，并且能够自动警报；而当监测数据与历史资料相差较大时，如水库监测中，会自动控制闸门的启闭，同时能够向管理员发送警报，以高音喇叭的方式通知给周边的民众，民众在接收到通知后，能够及时撤离。

第七节　超声波测深技术在水文监测中的应用

随着网络信息化技术的不断发展，信息化技术被应用到了各个领域，促进了各个领域的发展。在水文领域进行信息化的建设，促进了水文领域的蓬勃发展。在生物技术与信息化技术的影响下，水文领域利用高新技术改造水利行业，并运用自动化技术、超声波技术等高科技，促进了水文领域的全面发展。本节分析了超声波探测技术在水文监测中的应用。

各国科学家自 19 世纪便开始了超声波技术的研究，距今已有上百年的历史。随着科学技术水平的不断提高，超声波技术得以继续发展，如今更是被应用到了各个领域。其中在湖泊、江河等水文监测中应用超声波技术，有利于提高水深和水流速及流量监测的准确性。我国先后研发了船用回声探深仪、水文缆道探深仪，以及超声波流速仪和水位计等。HSH-L 型号的探测仪正式依据超声波探测技术研发的，不需专门的导线，只需水体与缆道的钢绳，即可成为传输信号的通道，并分析信号的叠加概率，从而使超声波监测水域深度和精度以及监测结果的可靠性提升。

一、原理

机械振动所产生的机械波的其中一种即为声波，而机械的震动频率通常为几赫到几兆赫。当频率小于 10 赫时我们称之为次声波，而频率在 10 赫至 10000 赫的能够被人耳所听见的是闻声波也就是通称的声波，频率高于声波的即为超声波，不能为人耳听见。

通过质点的振动可以实现超声波的传播，声波可以在具有弹性的任何物质中进行传播，因为声波穿过物体时，使质点的顺序发生了改变，且按照固定的轨道进行移动。

直接由机械振动所产生的即为超声波，通过能量转换，可以使超声波被控制。发射超声波时，电能逐渐转化为机械能从而发生震动，而在接收超声波时，则是机械能逐渐转成电能，对电能进行进一步的处理，并将相应的结果利用数据进行表示。

超声波的特点为直线的传播、折射、吸收、反射以及波束效应。在水文监测中应用超声波测探技术的前提是对超声波各种特性的深刻理解。

二、超声波测流速

江河中水的流速的测量目前大都用测船或过河缆道将转子式流速仪投入水中，记录流速仪在一定时间内转动的次数来推算流速，所需测量时间长、效率低、劳动强度大。用超声波测流速的方法很多，主要有时差法、频差法、相位差法、多普勒法等等。国内常用的是时差法，它利用超声波在顺流和逆流中传播速度的差异来测定水体中某一水层的平均流速。

超声波测流速的主要优点是测量速度快，效率高；节省人力，减轻劳动强度；不破坏水体原有状态，测量精度较高；便于自动控制和实现无人自动测量；不影响河道通航等。但超声波测速技术要求较高，河道断面要整齐稳定。当流速很大、含沙量很高时，超声波衰减严重，噪音干扰也大。测速技术还需进一步提高。

三、超声波测水深

超声波在某种物质中传播，当到达另一种物质分界面时，一部分能量透过分界面进入第二种物质，另一部分能量则返回到第一种物质内并改变其相角，向相反的方向传播。将收发超声波的换能器置放在水中一定位置，向河底或水面发射，因超声波在水体中传播速度是已知的，接收并记录超声波往返所需的时间，就很容易得到水深的数据。利用超声波这一基本原理，可以研制出各种不同精度和用途的超声波测深仪器。目前国内生产的超声波测深仪主要有两类：一类是船用回声测深仪；另一类是水文缆道超声波测深仪。

四、超声波水位计

应用超声波观测水位，其原理与超声波测水深基本相同，但超声波测水位的换能器是固定安设的，其方式有两种：一种是设置在江河或水库的最枯水位以下的固定点上，并测量出固定点基准高程，只要用超声波测出换能器以及水的深度就可以知道水位了；另一种是把换能器安设在最高水位以上的固定点上，同样测出固定点的基准高程，用超声波观测固定点至水面的距离也就可以知道水位。我国目前多采用前一种。由于声速受到温度的影响，因此超声波水位计都还要有温度改正装置。超声波观测水位的优点主要是不需建自己的测井，节约经费；安装使用灵活方便，因江河中冲淤变化影响水位观测时，仪器设备容易搬迁；便于遥测遥控。但是，目前生产的仪器还不适于泥沙多、流速大的江河。

五、未来展望

加强水声基础技术的研究。我国地域广阔，江河水库很多，水文特性各不相同。深入研究超声波在各种不同水文特性中的传播、衰减、噪声干扰等基础技术，才能为超声波仪器的设计提供正确可靠的数据，才能比较理想地选择合理的功率、频率和脉宽，克服盲目性，使超声波技术在水文测验中的应用得到进一步提高。

随着计算机技术的不断发展，在超声波测探技术上应顺应时代发展趋势，将其与计算机技术相结合，充分利用微处理机的技术，并逐渐由软件取代仪器硬件，有利于仪器结构的简化，并有利于提高探测仪器的可靠性与稳定性。还可以将超声波测探技术与 Zig Bee 技术、GPS 技术、RS 技术等先进技术结合使用。从而取各技术的长处，降低各技术存在的弊端。

在水文监测中应用超声波测探技术，除了可以测水深和水底地势外，还应拓展其他领域。例如，利用超声波测探技术测量水底的含沙量，利用多普勒法则对水流速度进行测量，对相关的水文仪器进行检测，还可以用超声波测探技术对土壤中的含水量进行测量。

对水文进行监测，并测量水深的重要方式之一便是超声波测探技术。同以往的河底指示器进行测量的方式进行比较，利用超声波进行水文监测具有精度较高、反复测量、具有实时性的特点，并且超声波测探技术正日趋成熟，其发展前景十分可观。但是在运用超声波测探技术时，应注意将水下探头水平安装，并参照铅鱼仪器的中轴线。超声波测探技术目前阶段主要适用于含有较少的泥沙、仪器盲区小于水深、水流不急与湍急紊乱的水域，进而取得较好的监测效果。因此对超声波测探技术应进行逐步完善，从而使该技术应用范围更加广泛。

第七章　城市供水水质监测技术

第一节　城市水务供水预警机制

世界各国都十分重视城市水务问题的研究，我国近年来对现代水务管理机制的探索与研究也在逐步深入。许多专家学者如吴季松、田正英、刘昌明、刘俊良等，已对人类活动影响下的区域水系统问题进行了全方位的研究，发表了各自的观点。林洪孝在"城市水务复合系统水循环模型与经济技术评价指标体系研究"中对现行的城市水务循环系统进行了完善，将社会经济用水行为纳入自然水系统中进行统一研究，把城市水务复合系统中的水循环过程划分为水资源环境、水源、供水、用水（含节水）、水处理及回用、排水 6 个子系统，建立了分散式和一体化的集总式水量关系模型等。笔者在"现代水务复合系统模型研究及供水信息平台的开发"的研究中，总结前人成果，对供水模型进行了更深入的分析，特别是在建立供水预警机制、保障安全供水方面进行了初步研究。本节将结合笔者的研究来介绍为保障供水安全而建立供水预警机制的方法。

一、建立城市水务供水预警机制势在必行

（一）供水及供水安全是人们生活的基本保障

城市是社会的政治、经济和文化中心，城市安全作为国家安全的重要组成部分，是人民群众最现实、最直接的根本利益的保障。城市所特有的生产要素的空间具有集聚性和流动性，使其公共安全问题具有明显的爆发性、衍生性、连锁性和交叉性等特征，这也决定了保障城市公共安全的重要性。城市公共安全是一个综合性的整体概念，它包括城市自然安全、经济安全和社会安全等领域，水、电等公共基础设施的安全属于城市生命线的安全，是保障城市公共安全的重要物质条件。

水是人类赖以生存和发展的最基本的条件。人类用水离不开供水，供水的方式主要包括分散供水和集中供水，随着我国城乡一体化进程的加快，城乡供水以集中供水为主。对国家来说，社会经济安全是安全的核心，水安全是社会经济安全的基础，供水安全又

是水安全的基本保障。城市供水安全主要是指城市供水保障了城市社会经济协调发展的能力、支撑城市可持续发展的能力和抵御外部干扰的系统稳定性，它是城市安全和防灾减灾体系的重要组成部分，是实现城市可持续发展的重要保障，在贯彻科学发展观、构建和谐社会中具有重要作用。

（二）供水系统的重要地位

从理论上及现代水资源管理的角度来讲，现代城市水务复合系统水循环由城市的水环境、水源、供水、用水（含节水）、排水和水处理与回用等6个子系统组成。

这6个子系统的相互联合构成了城市水资源开发、利用和保护的循环系统，每个子系统都对这个循环系统起着一定的促进或制约作用。供水子系统是水务复合系统模型中的一个中等复杂程度的子系统，它是连接水资源环境、水源、用水子系统之间的桥梁和纽带。供水子系统不仅涉及各级政府与供水相关的法律法规，而且从某种意义上讲（特别是从供水用水保障与供水用水安全上讲），它在现代水务复合系统中是至关重要的。

（三）城市供水系统中的不安全因素

供水系统的正常运行是人们日常生活得以进行的前提条件之一，但由于种种原因，城市供水中存在下列诸多问题：

水资源紧缺。我国从20世纪70年代开始"闹水荒"以来，水资源紧缺这一态势越来越严重，逐步由局部蔓延至全国，给国民经济带来了严重的影响。据统计，全国有7 000万人饮水困难，黄河、淮河、辽河流域所代表的北方地区人均水资源量只占全国平均水平的1/3，水资源短缺已经成为制约我国特别是北方地区经济社会发展的重要因素。

源水水质堪忧。按照我国《地面水环境质量标准》，可作为生活饮用水水源的水质不得低于Ⅲ类，而统计显示，在我国七大水系和内陆河流的110个重点河段，符合"地面水环境质量标准"Ⅰ、Ⅱ类的占32%，源水水质属于Ⅲ类，而39%的源水水质属于Ⅳ、Ⅴ类。

用水供需矛盾突出。由中国市长协会组织编写的《中国城市发展报告》显示，近年我国城镇化进程一直保持高速增长势头。随着城市化和工业化水平的提高，城市数量增加，城市规模扩大，城市用水的比重逐步上升，城市供水矛盾越来越突出。目前，我国有400多个城市常年供水不足，其中比较严重缺水城市达110个，缺水总量为60×108 m³，据预测，2020年，中国城镇化水平将达60%，在充分考虑节水的情况下，要满足需求必须实现供水能力比现在增长$1 300 \times 108$ m³ ~ $2 300 \times 108$ m³。但全国实际可利用水资源量已接近合理利用水量的上限，城市用水供需矛盾将是今后影响城市发展的主要问题。

供水漏失问题严重。根据 2004 年 5 月对 408 个城市的统计，中国城市公共供水系统（自来水）的管网漏损率平均达 21.5%（孙玉波，2004）。由于供水管网漏损严重，全国城市供水年漏损量近 100×108 m³，而当前我国城市缺水量为 60×108 m³，倘若城市供水管网漏失问题得到有效解决，管网漏失率控制在 10% 以内，我国城市缺水量绝大部分可以由此弥补。

（四）建立供水预警机制是保障供水安全的重要前提

水安全系统是一个复杂的开放性的动态系统，无论是人类的生产活动还是大自然气候变化或者地球的地质运动都会对水安全系统产生影响。这些作用在水安全系统上的各种因素本身具有极大的不确定性。从水安全的角度考虑，这些不确定性主要包括自然因素的不确定性、社会因素的不确定性和经济因素的不确定性。

1. 自然因素的不确定性

自然因素的不确定性主要指由气候变化及地理地质环境的差异所引起的人类无法控制的自然现象的变化及其随机性给水安全系统带来的不确定性，如降水量、径流量的改变及潮汐、海啸等自然现象等。尽管人类活动也会影响气候变化，但从短期来看，这些现象是人类无法控制的，从而引起的各种不确定性因素是水安全系统无法避免的。如 2009 年入秋开始的西南地区大面积干旱更是给当地居民的生活带来了巨大困扰，其旱情持续时间之长、发生范围之广、影响程度之深、造成损失之重，均为历史罕见。在这次的西南地区大旱中，充分暴露出我国水利设施抗旱减灾能力薄弱的问题，旱情监测预报预警能力不足、抗旱工程措施亟待强化。

2. 经济因素的不确定性

经济因素的不确定性主要指由于人类认识的局限性导致人类在开发利用水的过程中无法考虑到所有未知因素，这些未知因素的存在，有可能使人类开发利用水的经济活动的结果与人类的预期结果相背离，造成水安全问题。例如，2005 年 11 月 13 日松花江污染事件、2005 年 12 月 5 日广东北江铬污染事件、2007 年 5 月底太湖蓝藻事件、2010 年 7 月 3 日紫金矿业集团公司所属的上杭县紫金山铜矿湿法厂待处理污水池发生渗漏、2010 年 7 月 28 日的松花江水污染事件等等，给当地人民生活带来很大的影响，有的甚至造成国际影响。

3. 社会因素的不确定性

社会因素的不确定性主要指由于人类自身也无法把握人类的发展，如人口变化、经济发展、人类的政治斗争以至于战争等人类活动给水安全系统带来的不确定性。

供水预警机制的建立将有利于改善目前城市供水系统中存在的问题并可对供水安全

系统的变化趋势进行预测，以避免不必要的生活困扰并减少经济损失。

二、建立供水预警机制的初步方案及措施

（一）供水预警机制的基本构架

供水预警系统是指以模拟仿真技术为基础，结合现代水环境模拟理论和技术，综合运用 GIS(地理)、RS(遥感)、GPS(定位) 等现代高科技手段，对流域内的地形地貌、水质状况、生态环境、水资源分布等各种信息进行数字化采集与存储、动态监测与处理、综合管理与传输分发而建立起来的全流域水质基础信息平台和水质模拟仿真系统。

城市供水预警机制主要是针对城市供水安全问题所制定的。针对我国城市供水普遍存在水量不足、水质较差和供水设施运行事故频发等问题，加强城市供水系统安全性管理和技术研究，构建城市供水水源、水质处理和管网运行的多级安全保障体系就显得十分重要，这也是新时期坚持科学发展观和以人为本的发展理念，构建社会主义和谐社会的一项重要任务。

供水安全系统预警至少应该包括以下几个方面：供水水量重大变化、供水水质变化、供水设备故障、经济因素变化对供水安全的影响以及社会因素变化对供水安全的影响。根据《中华人民共和国水法》《中华人民共和国传染病防治法》《中华人民共和国水污染防治法》《中华人民共和国安全生产法》《城市供水条例》《饮用水水源保护区污染防治管理规定》《取水许可制度实施办法》《城市供水水质管理规定》《生活饮用水卫生监督管理办法》和国务院办公厅《关于加强饮用水安全保障工作的通知》等法律法规及相关文件，结合供水系统的实际情况来编制一种合理的城市供水预警机制。

本节将主要介绍对供水水量预警和供水水质预警的初步研究。

（二）供水预警的指标选择及等级划分

1. 供水水质预警的指标选择及等级划分

评价水质的基本指标主要有浊度、细菌总数、总大肠菌群、余氯、生化需氧量 (BOD) 和化学需氧量 (COD)。在比较了影响水质的主要因素后，笔者选择了细菌总数、总大肠杆菌数、余氯、生化需氧量 (BOD) 和化学需氧量 (COD) 作为水质评价指标，依据上述法律法规及相关文件并参照《地表水环境质量标准》(GB3838—2002)《地下水质量标准》(GB/T14848-93) 及《生活饮用水卫生标准》(GB5749—2006) 对上述指标的评价制定的预警标准。

根据水质标准的评价级别，将水质预警等级也划分为 5 个等级：特别严重（Ⅰ级）、严重（Ⅱ级）、中度（Ⅲ级）、轻度（Ⅳ级）、微度（Ⅴ级），依次用红色、橙色、黄色、

绿色和蓝色为标志进行预警。

2. 供水水量预警的指标选择及等级划分

供水量不仅受当地水资源总量的影响，而且还与城市的社会经济发展、人均生活水平、供水设施建设、供水价格及天气状况等众多因素有关。供水水量的充足与否直接与人们的正常生活挂钩，在任何条件下，人们都无法长时间离开水进行生活，因此在统计分析突发性缺水的事故的基础上，归纳其事故类型、缺水过程、危害程度等，并结合事故发生区域水文、气候、地质等特征，针对不同突发性缺水事故迅速判断风险因子、选择重点关注指标，为后续的应急提供必要的参考，从而达到社会效益、环境效益、经济效益的统一是十分重要的。水量的安全主要体现在水源地的水量状况和供给能力可否满足设计的供水要求。供水水量安全状况指数主要为工程供水能力、枯水年来水量保证率和地下水开采率。故对供水水量的预警主要选择工程供水能力、枯水年来水量保证率及地下水开采率为预警指标。

根据缺水的不同程度，结合上述法律法规及相关文件，将供水水量预警分为 4 个等级：特别严重（Ⅰ级）、严重（Ⅱ级）、中度（Ⅲ级）、轻度（Ⅳ级），分别用红色、橙色、黄色、蓝色代表不同等级。在组合优化供水水量模型并验证准确程度后，依据供水水量预警等级为供水水量预警机制的建立提供基础支持。

（三）建立供水预警机制的主要措施

1. 建立模型

目前，已有的水质评价方法主要有指数评价法、分级评分法、层次分析法、综合评价法。依据多年来全国重点城市供水水质的监测数据，可以建立水质评价模型以便为供水水质预警机制的建立做好准备工作。模型的构成要素有评价指数计算式、水质指标体系（包括指标构成、指标危害系数或指标权重）、水质标准值、评价分级。通过建立模型，可以直观清晰地观察到水质各项指标的变化，从而使供水水质的预警更加准确。

前人对供水水量模型已经做了相当多的研究，主要包括灰色模型、霍华特指数平滑模型、BP 神经网络模型、动态等维信息模型、数学模型等。任何一种预测模型都有其优点和不足之处，如果简单地将预测误差较大的一些方法舍弃掉，将会丢失一些有用的信息。近年来，组合预测方法已成为预测领域一个重要的研究方向，并引起了国内外众多学者的兴趣。理论证明组合预测方法的效果优于选用的任何一种预测方法。故选用几种预测方式的组合并分析对比，选取其中精度最高的方式作为供水量的预测模型，将为预警机制的建立提供更好的基础支持。

2. 搭建信息平台

现代水务管理运行机制的建设，离不开水务信息化建设的支撑，水务信息化建设是水务管理现代化、决策科学化的前提。现代水务复合系统是一个极其复杂的系统，其中包含6个相辅相成的子系统，各子系统数据流之间有着较为复杂的关系。国内外的一些专家已经对水务复合系统的相关问题做了很多研究，发表了各自不同的特点，但是还没有形成一套完整的体系，还有许多亟待改进的地方。特别是城乡统筹建设以来，城市供水问题越来越复杂，单一的供水模型难以应对供水预警，建立一套合理的预警机制必须借助于信息平台来完成。供水信息平台的搭建有助于对供水水质及供水水量的预警，可以及时发现供水系统中存在的问题并进行预警，从而为供水预警机制的建立提供决策支持。

本节主要是介绍为保障供水安全来建立供水预警机制的方法。首先分析了建立城市水务供水预警机制的必要性，提出了供水及供水安全是人们生活的基本保障、供水系统的重要地位、城市供水系统中的不安全因素及建立供水预警机制是保障供水安全的重要前提，然后在此基础上结合自己所做的研究，介绍了建立城市水务供水预警机制的方法，其中包括供水水质和供水水量预警的指标选择和等级的划分，以及建立城市水务供水预警机制的两个主要措施。供水系统中存在很多不确定性因素，故在建立城市水务供水预警机制的过程中会遇到很多问题，笔者所做的研究中必然存在很多不足之处，还有待专家学者及水利同人的不断指正和改进。

第二节　城市供水系统水质监测

当下经济快速发展，人们越来越追求健康高质量的生活，其中做好现代化"供好水"这个目标，就需要在信息化时代下采用好的技术，提高信息传输、沟通及工作效率。当下的城市供水管网水质在线监测系统建设，正是这个需求下所要做的。这一系统是由中心数据监控、现场 PLC 数据采集站和管网末梢水质分析仪表组成。建成这一系统后可以为水质管理带来改变，可以一改模糊不清的管理方式，有了精确水质情况，对比数据分析，及时掌握变化做好决策。城市供水管网作为重要的基础设施，是城市必备的，它的正常运行和有效工作是城市可持续发展的重要前提条件。

一、建设城市供水管网水质在线监测系统目的意义

城市供水管网是基础设施，也是城市最基本和赖以生存的设施系统，这种城市供水管网水质在线监测系统是很有意义的，其主要目的也是为了掌握供水管网末端各水质在

线仪表实时监测数据。如出现一个供水管网仪表监测到不正常数据时，能够及时反馈给水厂、送水泵站等单位对其及时诊断和处理，保证供水的水质不出现问题。

二、水质在线监测系统建设现状

对我国城市供水管网水质的管理要求进行分析，当下我们还是停留在人工定时定点取水送化验室进行化验的阶段。简单化验项完全可以通过水质监测对管网末梢水浊度、余氯、PH、温度 4 种数据进行监测，从而提供水质信息。我们的水质自动监测系统是一种可以在以在线自动来分析仪器的核心下，通过结合各种丰富高科技的传感器技术、自动测量技术，自动控制技术、计算机应用技术以及相关的专用分析软件和通信网络辅助的这样一个综合的系统。其实可以统计、处理监测数据，打印输出日、周、月、季、年平均数据以及日、周、月、季、年最大值、最小值等各种监测、统计报告及图表（棒状图、曲线图多轨迹图、对比图等），并可输入中心数据库或上网。对数据的收集储存可以对数据及时分析和运行资料和环境设备检索，保证系统的监测是否存在超标和子站是不是有不正常状态等监测功能，同时还能够自动运行和停电保护来电自动恢复功能监测，保护监测状态正常，能够及时应对各种应急故障。

三、城市供水管网监测系统的安装情况

（一）管网在线仪表的分类和选择安装位置情况

管网在线仪表可以分成以下三类：一是有管网水质监测点；二是有管网压力监测点；三是边界流量监测点。通过分类，可以发现管网在线仪表的安装位置就非常重要了。在选择安装位置时，按照以下方式进行：安装位置选择之一管网水质监测点。四个方面之输配水管、部分配水管、重点用户、管网末梢点的管道是水质在线监测点应该考虑选择的，同时要考虑在压力稳定和管径比较大的地方，这样监测点才能选择有代表性和分布相对均匀，能够达到对监测水域实时监测，反馈水质情况，从而能够针对性解决问题。安装位置选择之管网压力监测点。其主要在各分支管道上面，参考国家对地下水的水压要求是要达到 140MPA 的标准。安装位置选择之管网边界流量监测点。在于相邻供水行业相通的管道上安装，主要是为了监测水的总体馈入和馈出。

（二）管网在线监测点的构成

一般管网的在线监测点的构成包括有采样系统和仪表柜这两项重要的，当然还有浊度仪、余氯仪、压力变送器、温控、风扇、加热带和数据采集传输仪这些小部件辅助的。而其中的采样系统、压力变送器和数据采集传输仪是管网压力监测点在线监测系统的主

要组成。然后辅助供水管网边界流量监测点，通过检测边界流量保证水压正常。

（三）系统建设的要点和要求

监测水源：对管网末梢的水流的在线监测是关键的，设置好监测点，需要考虑管网末梢水的余氯含量比其他段的低些，所以需要高精度的设备来满足要求。在监测数据方面要考虑 PH、浊度、余氯、温度不等。还有的安装要求是要考虑在水厂厂区附近，还需要包括一些居住小区，不能受环境影响，从而具有代表性和专业性。安装设备需要节约化，从而能够节省一定的成本。具体设备要求要考虑电源是 220V 类型的，如有电池供电形式或者有条件采用太阳能供电也是可以采取的，但也要依据实际情况实际选择、灵活应用。最后的维护要求需要考虑到后期设备维护成本和维护难易要求，要考虑的比如设备每年应该配的备件，还有易耗品备份，维护保养具体内容和时间周期，对设备需要有计划性的安排人员检测和更换。

监测点选点要求一般可参考如下市电供电方式下的要求：我们需要选择市电五个 5 个管网末梢点作为监测点；选点还需要考虑到后期安装调试和维护问题，保证选点位置环境干净防潮，根据实际情况实际选择、灵活选择，最终目的还是要能够反映出管网末梢水水质情况，实现实时自动监测。

采样系统的安装要求。由于水质监测点中的浊度仪和余氯仪都需要活水取样，所以考虑压力影响，管网要有两个 T 口，从而引出两个取样管。在接入仪表箱前，两个取样管需要配有两个球形阀。其中接入取样管的仪表箱中的还需要球阀，这样才能控制流量，不需要多余取样水。取水管路、平衡水箱和排水管路连接完好，保证水流正常。在取水管路中还需要配有防冻保暖的一些措施，还要贴有标识。最后还需要保证排水顺畅。

仪表柜的安装要求：

（1）仪表柜的安装地点距取水点应尽可能近，原则要求不大于 100m。

（2）仪表柜的安装地点不应该在通讯盲区。

（3）仪表柜在小区或单位好些，还要能够方便通行。

（4）连接电缆和管路要有地下铺设保护或者采取通用的空中架设，都做好标识。

（5）在对电缆线路施工时应严格按照 GB 50168 的相关要求进行。

（6）仪表柜的安装不能对企业安全生产造成不好影响，妨碍企业生产。

（7）仪表柜的安装位置附近不能有振动源。

（8）仪表柜还需要配有完整的规范接地设施和避雷装置，防火防雨防尘都需要做好考虑，做好对应工作。

仪表柜内部的安装要求：在对仪表柜的内部进行安装时需要考虑电源选择、柜内电源安装、数据采集传输仪的安装、压力变送器的安装和浊度仪余氯仪安装。其中电源需要考虑是在管网上安装仪表，所以也可以考虑锂电池供电、太阳能供电和220V供电等供电方式。而柜内电源的安装要考虑在仪表箱内用板进行隔开，后接电源，装好电表做用电记录。而数据采集传输仪的安装一般在板后采取后挂式，并且采用远程测控终端GPRS RTU设施，这样能够对数据及时采集和传输并控制。压力变送器需要在引入仪表箱前面的其中一根管道（压力取样管）安装E+H PMC41型压力变送器，按照基本要求进行安装。最后安装HACH 1720E浊度仪时，一般可以在板前左上方挂壁式安装HACH 1720E这一类型的浊度仪的控制器，其下方安装浊度计本体时，也要采用下挂式，在控制器的接口上接入传感器放入浊度计本体，将进水管与浊度计本体上的试样接口接通，而浊度计本体上的排水口接口和维修排水口分别与排水管接通。加上HACH CL17余氯仪的安装，可以在板前右方挂壁式安装HACH CL17余氯仪，在余氯仪的下方有一个快速连接进样配件采用1/4英寸管和一个样品排放口仪器排液配件内径1/2英寸的软管，根据进水排放要求接通管道。

四、HACH CL17余氯仪的维护

根据具体要求，对在线监测仪表要定期维护，每月换500ml试剂瓶的缓冲溶液和指示剂。以27℃为临界点，低于它就要六个月换一次泵管道，不然应该三个月换一次。对分析仪管道是要达到年年换的要求，最后15天左右还要对余氯仪表进行清洗维护。

总而言之，随着社会进入现代化，城市的供水关乎千家万户，用水安全问题不可回避，对供水管网的水质在线监测的加强建设刻不容缓，其系统是可以保证供水正常，保证水压和流量，避免不安全和不可控情况发生，进一步提高城市供水安全性，为广大市民服务。

五、城市供水水源地水质监测预警系统

（一）完善饮用水水源地水质监测预警系统

预警系统的主要任务就是对所接受的水质信息资料进行存储和科学处理，并及时将相关水质信息报告给有关决策部门。相关部门建立科学的水源地水质监测网络，通过监测网络的设置更好地实施水源地水质监控项目，以此来提高水源地水质状况，促进居民饮水安全，维护好居民的安全问题。根据实际情况，设定不同的检测频次。设定不同的检测频次有利于检测数据的科学性和可行性，为提高水质安全提供了科学数据保障。一般情况下，对地下水每年的枯水期与丰水期进行两次检测，对地表水每年的枯水期和丰

水期进行一次检测。

（二）建立饮用水水源地水质监测预警系统的应急体系

①相关部门要建立饮用水的供水应急体系，相关部门的工作人员要科学地制订饮用水水源地供水应急方案，从而能够在第一时间有效地解决水源地水质污染事件带来的危害。②以先进的技术手段作为保障，饮用水管理部门要加大对科技的投入力度，使用先进的技术设备，来提高选择供水水源的科学性，而且先进的技术设备还能够对一些水源地供水提供消毒处理，以此来提高饮用水的安全系数。③提高工作人员的职业素质，通过对高科技人员的吸收来提高整体工作人员的职业素质。饮用水的负责部门要从一些科研院所等机构选出优秀的人才组成专家组，对水源地水质进行检测，以此来预防饮用水污染问题的出现，提高饮用水水源地水质监测数据的科学性，更好地加强对水源地水质的预警，促进居民的饮水安全。相关部门通过建立饮用水水源地水质监测预警系统的应急体系，不仅有利于及时准确地解决饮用水水质污染的问题，而且对于提高居民饮用水的安全有很大的帮助。④实现物资保障。⑤实现信息保障，相关部门及单位要保持24h的服务热线，保证在水源突发污染事件发生时能够及时上报以获得及时的帮助和解决。⑥利用 SIDSS 和 GIS 等技术手段，设计城市水源地水质监测与预警系统总体架构，此系统包含数据库系统、模型库系统、知识库系统、GIS 系统、预案库系统、集成推理系统、决策处理系统等子系统和人机交互界面，可实现数据采集整理编辑、信息展示、水质预测及分析、水质评价与预警、应急决策支持等功能。⑦应急处理流程和模型。应急管理体系包含组织体制、响应体制、处理体制和保障体系。应急处理流程为突发性水质污染事故发生以后，最先发现的人有责任向水行政主管部门应急办公室报告，应急办公室对事件进行核实确认，如属于一般性水环境安全事故，则对事故进行现场评价和事故监测，做好事后处理工作，完成事故报告；如属于重大水环境安全事故，则及时向人民政府报告，人民政府立刻成立临时指挥部，一方面对社会各界发出事故的公告信息，提醒公众做出预防工作，以减小事故的损失；另一方面进行现场指挥、抢险救助、调查评价，对水环境安全进行监测和现场评价，直至应急终止，然后做好善后处理工作，完成专题报告，建立事故档案。

（三）建造饮用水的备用水源地

在选择饮用水备用水源地时，要有一定的基本步骤：①相关部门组织专家组到预定备用水源地的现场进行查看，结合实际情况查看选址的可操作性等问题。②使用先进的技术手段对选址的水质进行检测，相关部门在确认一切都合格的情况下，实施饮用水备用水源地的相关建造。

第三节　供水系统中的水质化验

　　水是生命之源，城市中居住着大量的人口，每天都需要消耗大量的水，做好城市供水是城市发展的重要保障。在城市供水的过程中难免会有一些杂质混入其中，从而对城市供水的水质产生一定的影响。城市供水的水质与城市居民的健康有着密切的联系，良好的城市供水水质对民众的身体健康有着积极的意义。现今，水资源恶化，因此，城市供水水质是否达标牵动着广大民众的心，安全用水已经成为国家发展中一个关注的焦点。城市供水水质检验是确保城市供水质量的重要一环，城市供水水质检验技术是否合理、有效是影响城市供水水质检测准确性的重要影响因素之一。

一、水质化验发展研究

　　水质化验的发展主要包括三个阶段：第一阶段，自20世纪70年代以来，我国对水资源的综合治理管理手段进行深入研究，由于此时的水质化验技术还处于初级阶段，因此水质化验的技术应用和检测结构等都受到现有技术水平的影响，此时主要应用的技术手段有绿化硫酸亚铁、氯化铝等化学品进行水资源净化处理，能够对水质化验的基础性水问题进行检测，但技术上依旧存在一定的落后。

　　第二阶段，水质化验技术通过30多年的研究，逐渐取得一些成果，之后的十年使水质化验技术取得质的飞跃，体现在以下几个方面。首先，通过多年的实践臭氧生物活性炭技术开始变得越来越完美，一定程度上此项技术可以极大地对三氯甲烷的紫外消光值发挥出巨大的作用。其次，我国的水质化验技术成功地引进遗传毒理学。这是我国首次把气体融合到水质量的检测中，使水质化验技术取得飞速进步。如果在自来水里面出现不完全氧化现象，那么就会造成突变率增高的结果。最后，我国采用的塔式生物滤池，将会减少水里的杂物，特别是氯气等物质的消除。

　　第三阶段，水质化验技术在20世纪90年代至今逐步发展和不断完善，实现水质的进一步深入检验，促进水资源的合理划分，明确划分标准，促进水资源的综合应用，保障人民的生活水平，促进自然资源的综合应用。

　　随着城市社会经济的发展，人们逐渐开始关注用水安全，这不仅关系城市的长远发展，更影响着人们的生命健康。当前，城市水资源普遍存在污染问题，供水安全成为城市居民非常关心的问题。所以，必须加强水质化验和检测，保证水资源的各项指标符合相关要求，为人们供应优质、安全的水资源。

二、水质化验注意事项

在水质化验过程中，相关人员需要注意以下事项：一是要科学地使用相关检测技术，防止一切不合规的操作行为；二是为了确保化验结果的准确性，必须合理控制化验过程，尤其是对于可能会影响化验结果的因素，一定要及时消除和避免；三是除了技术的有效应用之外，相关人员要做好化验结果分析，及时调整供水系统的水资源处理方式，确保水资源供应的品质。

三、水质化验技术的研究发展历程

我国很早就已经开始水质化验技术的研究，随着人们对生活用水安全越来越重视，我国水质化验技术获得进一步发展。我国积极从发达国家引进先进的技术和设备，相关技术应用也逐渐专业化。近些年来，我国经济发展成果显著，相关部门对水质化验技术的研究越来越深入，并且拥有设备完善的水质监测站，其中有先进的色谱仪等水质化验设备，离子色谱检验技术的应用也逐渐成熟。在新型技术的支持下，整个水质化验过程更加高效和便捷，检测结果也具有极高的准确性，为城市供水安全提供了极大的保证。另外，各项化验技术可以应用于地下水、饮用水、地表水的检测中，以保障我国城市的饮用水安全，为城市水资源的处理和管理提供有效支持。

四、城市供水系统中常见的水质化验技术

（一）离子色谱检验法

目前，随着离子色谱研究的不断深入，其在水质检测领域的应用越来越广泛，无论是地表水、地下水还是工业生产废水，都可以利用离子色谱技术进行检测。同时，该技术操作较为简单，基本不会受到外界的过分干扰，确保了水质化验结果的准确性。另外，该技术的实际应用原理是离子交换，在具体的操作中，对水样本中的不同阴离子进行检测和分析，同时利用碳酸盐的作用，让树脂和各种阴离子发生相应的交换反应，由于树脂对于各种离子具有不同的亲和力，所以人们很容易完成阴离子的测定和分离。最后，被分离的各种阴离子会和相应的阳离子发生化学反应，产生一定量的碳酸盐物质，然后继续和水中的相关物质发生反应，直至产生碳酸物质。

为了确保化验结果的可靠性，相关人员在化验过程中需要把握好以下几点：一是很多因素会对化验结果产生干扰，如水样本中的一些特殊物质、有机酸浓度等，所以相关

人员可以利用一定量的淋洗溶液来实现准确测量。另外，在某些情况下，氯离子检测会出现负峰降低的现象，这时就需要采取相应措施，降低相关因素的干扰。二是在城市供水系统中，该技术可以实现对生活用水中各种离子的检测，如氧离子、溴离子等。我国新疆气候干旱，水文地质特征特殊，其饮用水质量存在一定问题，造成部分地方病的出现。最为主要的原因是硫酸盐、氯化物等物质严重超过规定标准，为了保证当地的饮水安全，相关部门可以利用离子色谱检验法对饮用水中的一些阴离子进行检测，进行定量和定性分析，为饮用水质量的调整和控制提供支持。

（二）电化学探头检验法

在这项技术中，发挥主要作用的是氯敏感薄膜，其有两个关键的构成要素，即金属的电极和薄膜。该薄膜具有选择透过性，即可以让氯气等气体通过薄膜，但是水分子和一些易溶性物质不能通过。其间，穿过薄膜的气体就会在电极的作用下发生还原反应，形成微弱的电流。一般情况下，如果水样本中氧气含量越多，则形成的电流越大，反之亦然，即电流的量和水样本中的氧含量成正比。另外，如果水样本中含有一定的物质，可以和碘元素发生反应，并且每升水样本中的氧溶解量不超过 0.1 mg，都可以利用该技术进行水质化验，确保水质化验结果的准确性。最后，如果水样本中存在一些较为特殊的气体物质，就需要及时采取措施来保证化验结果的可靠性。一般而言，相关人员在水质化验过程中应该根据需要及时换掉薄膜，减少相关干扰因素，避免出现过大的测量误差。

（三）氧溶解量的测定

氧溶解量是水质化验中经常测定的项目，其主要目的是检测水资源中可溶于水的氧气容量，进而根据检测的数据信息，分析水质是否良好。目前，城市供水系统常用的氧溶解量检测方法有两种，一种是碘量法，另一种是修正法。

1. 碘量法

碘量法的具体操作步骤如下：先准备好待测定的水样本以及相应的设备与条件，然后将适量的硫酸锰试剂、碘化钾加入水样本中。这时，滴入的锰离子就会和水中的大量氧离子发生化学反应，产生新的四价锰离子，同时水中含有一定量的氧气，会和其中的氢氧化物结合，导致水中产生一些褐色的沉淀物。等到没有沉淀物质再出现，相关人员再将一些酸性的溶解液加入水中，让其依次和水中的沉淀物与碘离子产生反应，在激烈的化学反应后，就会有相应的碘元素出现。这时就需要利用合适的测试液，将其加入水中来测出其中的氧溶解量。另外，在整个测定过程中，相关人员要采用科学的化验流程，及时记录相关数据信息，为后续的分析和计算工作做好准备。

2. 修正法

在利用修正法测定水中的氧溶解量时，人们需要注意以下事项：一是在水质化验的过程中，当亚硝酸氮的浓度超过 0.05 mg/L，同时铁离子的浓度小于 1 mg/L 时，为了保证测定结果的准确性，就应该选择叠氧化钠完成检测，而在其余情况下，就应该利用高锰酸钾进行测定。二是在一些特殊情况下，水中可能会有明显的悬浮物，这时就需要利用明矾絮凝法，提升测定结果的准确度。

（四）氯化亚锡还原光度法

氯化亚锡还原光度法是城市供水系统较为常用的水质化验技术之一，主要在酸性条件下进行水质测量。相关人员首先需要将一定量的正磷酸盐加入水中，然后加入钼酸铵，两者在水样中会产生一定反应，进而形成一种中间产物，即磷钼杂多酸，这种物质可以和加入水中的氯化亚锡继续产生反应，转变为蓝色的钼蓝。总体而言，该技术在水质化验中具有一定的优势，尤其是能够测定水样中的正磷酸盐。

五、水质化验中的质量控制

为了确保水质化验和分析的准确性，人们必须有效应用水质化验技术。总体而言，影响水质化验质量的因素有外界的干扰因素、化验的设备和试剂、相关人员的能力等。所以，为了保证水质化验质量，人们就需要以下几个方面对症下药进行质量控制。

（一）设备和试剂的控制

设备和试剂的品质是影响水质检测质量的重要因素，在水质检测中，如果相关设备无法正常使用或者试剂的品质存在问题，就会直接影响水质化验结果。所以，在进行水质化验时，相关人员必须重视检测设备的质量，同时控制好各种试剂的品质，以保证水质化验的高效性和可靠性。首先，应该安排专业的技术人员，及时对化验设备实施检查和维修，保证设备的良好性能。在水质检测中，相关人员需要保证设备应用的规范性。同时，水质化验的设备仪器往往比较精密，所以必须做好仪器保管工作，根据不同仪器设备的性能进行保存，避免出现磕碰和磨损而影响化验结果的精准度。其次，要选择合适的试剂，在具体应用时要注意控制试剂用量，化验期间要做好试剂存放工作，避免保存条件不适宜而导致试剂的性状发生改变，影响水质化验结果。

（二）周边环境的控制

从实际情况而言，周边环境也会对水质监测质量产生一定的影响，主要是影响检测数据的准确性，增加检测数据的误差。因此，在具体的水质检测之前，相关人员需要全面了解周边环境，然后根据化验的实际需求控制环境中的各项要素，如湿度、温度和细菌等，这样可以降低环境因素的干扰，保持适宜的化验环境，确保化验顺利进行，避免化验结果出现过大的误差。另外，在水质化验中，相关人员要提前确定好化验条件，做好相关筹备工作，保持相关设备和仪器的良好性能，保持周边环境的稳定性和清洁度，合理控制整个化验过程，提升水质化验的质量和效率。

（三）提升相关人员的综合素质

就实际情况而言，如果相关人员的综合能力存在问题，就会严重影响水质化验的品质，不利于水资源质量的改善和控制。所以，为了保障化验的质量和效率，就必须加强相关人员能力的培养。一是要提高化验人员的专业技能，尤其是水质化验技术一直处于发展中，所以化验人员必须定期参与相关培训和学习，不断扩展和完善化验人员的知识结构和专业技能。二是要加强化验人员的责任意识，水质化验工作直接关系着人们的用水安全，所以化验人员需要具有一定的社会责任心，在具体化验中做到规范操作，不断提高技术水平，保证水质化验的准确性和高效性。

（四）水质化验的管理制度

制度是保证水质化验品质的前提，当前需要建立完善的制度，明确规定水质化验的流程和内容，如化验过程中的水样选择、试验检测、结果的分析和报送等。同时，要加强对水质化验过程的监督和管理，严格控制化验的每道程序，最大限度地确保化验质量，并且做好化验结果的分析和处理，根据准确的化验结果，及时消除影响水资源安全的因素。

城市供水安全对于市民的日常生活和身体健康至关重要，所以必须做好城市供水的检测工作，科学地选择水质样品，然后采用专业化的水质化验技术，检测水质中的各项指标是否符合要求。只有化验结果达标的水资源，才可以进入城市的供水系统，确保人们的用水安全。另外，水质化验的技术含量很高，极易受周围环境干扰，所以人们需要从具体的化验操作、周围环境的控制、设备仪器的性能等方面入手进行控制，降低化验检测的误差，确保水质化验的效率和品质。

第四节 城市生活饮用水水质监测

随着生活品质的提升，人们对日常饮用水的要求也不断地提升，保证饮水的安全和健康成为人们关注的问题。在城市地区，饮用水大多来自自来水厂，由于城市中工业区域的存在，水污染的情况容易出现，对于城市供水进行水质的监测便显得很有必要，根据城市饮用水的监测，得出以下监测结果。

一、监测材料与方法

（一）监测样品

参与饮用水监测的水样品主要来自市区的市政供水以及自建供水，其中有出厂水、二次供水、末梢水等水样品一共 120 份，所有的水样品都严格按照监测要求（生活饮用水标准检验方法）进行采集、送检和检验。

（二）监测项目

本次监测对市区内以及所辖区的水厂进行水质监测，进行监测的项目有是否存在感官异常和一般性的化学指标，如浑浊度、含色度、肉眼可见物、PH 值、氯化物、锰、铁、铝、铜、硫酸盐、耗氧量、溶解性固体、总硬度、挥发酚类等 17 项指标。毒理指标的监测，如硒、汞、铅、六价铬、砷、氰化物、氟化物、三氯甲烷、硝酸盐、四氯化碳等 11 项指标。微生物指标的监测，如大肠埃希氏菌、耐热大肠菌群、总大肠菌群、菌落总数等 4 项指标。此次监测一共进行 33 项常规项目的监测以及 56 项非常规监测，如总 α 放射性、总 β 放射性、氨氮、隐孢子虫、苯、甲苯、二甲苯、乙苯、六氯苯、氯化氰、七氯、硫化物、滴滴涕、莠去津、敌敌畏、贾地鞭毛虫、钠、钡、铰、镍、锑、银、乐果等 56 项非常规项目。

（三）监测方法和评价方法

此次监测依据国标 T5750—2006《生活饮用水标准检验方法》和国标 T5749—2006《生活饮用水卫生标准》进行水质样品的监测。对于感官性状指标可以采用检查色度和浑浊度的方式来进行监测，对于物理指标可以采用考察水样 PH 值的方式来进行监测。对于微生物指标，如一些菌类，可以采用多管发酵法的方式，对无菌状态下的水样进行检测。对于无机物非金属指标，如硫酸盐，采用硫酸钡烧灼称量的方式，按照生活饮水标准检验方法来进行检测。

二、结果分析

（一）监测的总体情况

此次对本市饮用水进行的 120 份水质样品的监测，监测结果如下：合格的水样品有 116 份，不合格水样品 4 份，整体合格率为 96.67%，其中市政供水样品 70 份，合格 70 份，合格率 100%；自建水厂水样品 30 份，合格 30 份，合格率 100%；二次供水水样品 20 份，不合格 4 份，合格率 80%。

（二）本市城市生活饮用水不同水样类型监测结果

此次市政水厂的水质监测结果如下：出厂水一共监测 15 份，监测指标有 56 项；末梢水一共监测 55 份，监测指标有 33 项，化学指标、感官性状、微生物指标、毒理指标等都保持合格，合格率 100%。自建水厂的水质监测结果如下：出厂水和末梢水各自监测 15 份，监测指标 56 项，化学指标、感官性状、微生物指标、毒理指标等都保持合格，合格率 100%。

二次供水的水质监测结果如下：二次供水检测 20 份，检测项目 33 项，其中感官性状指标合格率为 84.56%，主要是浑浊度过高，化学指标、微生物指标、毒理指标都合格，合格率 100%。通过水质监测，说明我市的市政供水和自建水厂供水符合国家规定的饮用标准，仅仅存在二次供水的合格率不高的情况，需要加强卫生管理。

（三）监测指标不合格原因分析

消毒剂指标的不合格的原因。一般情况下都是用联甲苯比色法来监测氯的剩余情况，但是这种方法欠缺精确度，并且在低温环境下，灵敏度还非常低，在我国《新生活饮用水卫生标准》中，还删除了这种监测方法，因此使得游离性余氯指标显示不合格。同时很多供水的企业采用二氧化氯的方式来对水进行消毒，如果在用监测游离性余氯的方式来检测饮用水中的消毒剂就会产生数据上的差错。而且这种检测方法含有致癌物质，会影响检测人员的身体健康。

浑浊度、肉眼可见物指标不合格原因。很多供水企业在生产工艺过程中出现了差错，如有的供水企业采用了传统的制水的方式来制水，并没有更新制水的工艺，而且还有的供水企业采用了落后的制水设备，再加上超负荷的供水，就会使水变得浑浊，从而体现着不合格。并且有一些供水河源其流量小，源水环境污染比较严重，如果供水企业不对取水口的环境进行处理，也会使得水变浑浊。

首先未来我国要加强环境的保护，保证水源的安全，提高水源水的质量。其次加强对供水企业制水部门人员的培训，培训其专业的制水工艺，以此来规范其制水工艺，提高其依法供水的意识。同时做好对供水企业的管理工作，提高供水企业的水质合格率。而且可以采用《生活饮用水卫生标准》（GB579—2006）中的 TMB 的比色方法，来检测水中的余氯，这种检测方法无须过多的试剂，非常的安全，而且具有非常高的灵敏性，能够有效地检测出水中的余氯指标。最后政府也应该加大对供水企业的支持力度和惩罚力度，所谓的支持是给予更多的资金支持，让供水企业可以完善其硬件、软件，以此来提高水的质量，保证人们生活饮用水的质量。而惩罚就是指对于监测结果情节严重者，要给予严厉的惩罚。

通过对本市饮用水的水质监测，表明我市饮用水有着良好的水质，但二次供水需要加强卫生管理，其存在的感官异常问题，缺乏相应的防护，导致水出现浑浊。人们的生存离不开饮水，只有保证饮水的安全和健康，加强对饮用水质的监测和卫生管理，才能让人们喝上放心的水。因此，必须加强对供水单位的卫生管理，加强现场检查以及水质的监测，保证人们的饮水安全。

第八章 城市供水水质监测技术的发展

第一节 管网水质的监测分析

虽然现阶段我国关于城市供水水质监测的研究理论、研究数量众多，并且我国经过长期的实践努力，在城市供水水质监测方面已经取得了一定监测成效。但关于其中管网水质监测的研究与实践均相对较少，因此本研究可在有效帮助人们深化管网水质监测认识的同时，为城市供水水质监测中落实管网水质监测，提供必要的理论参考与实践指导。

一、城市供水水质监测中管网水质监测的重要性

在城市供水当中，供水管网作为其中最为基础性的一项重要设施，是城市居民开展各项生产生活，实现顺利用水的关键。每日城市经由供水管网会向千家万户以及各企业机构等提供大量用水。在此过程中，我国积极加强重视落实城市管网水质的监测工作，可以有效帮助工作人员全面了解城市管网供水的水质情况，进而有针对性地对其进行净化处理与回收再利用，使得我国水资源利用率能够得到进一步提升，水资源环境也可以得到有效保护。不仅如此，在管网水质监测中，相关工作人员通过对各项监测数据资源进行深入挖掘与充分利用，也可以准确判断所在区域内是否存在水质异常变化的情况，并立即追根溯源从根本上避免水资源被污染、水资源环境被破坏。由此可见，在城市供水水质监测中，有必要重视加强和深入落实管网水质的监测。

二、落实城市供水水质监测中的管网水质监测的建议

（一）完善相关组织机构

由于城市供水水质监测当中，管网水质监测工作涉及内容众多，且水质保护工作本身属于一项综合性工程，单凭监测人员个人显然无法有效完成相应的水质监测工作。因此笔者认为，我国在重视落实城市管网供水水质监测时，需要在对现有各项优势资源进行优化整合的基础上，积极建立完善的管网供水水质监测组织机构。例如，在某城市的

供水行业中，由当地政府部门牵头，积极联合本地区的供水行业协会，在统一整合现有的水质监测及管理人员下，建立了专门的管网水质监测及其管理部门。运用专人专管的形式，负责完成所在区域内的各项城市管网水质监测工作。不仅如此，为了能够使水质监测工作得到更好落实，该组织机构还建立了相应的人才培养、人才引进与人才考核机制。定期组织现有相关工作人员，参加与管网水质监测相关的培训教育，使其能够学习更多的先进工作理念与水质监测技术手段，正确认识管网水质监测的重要性，不断提高相关工作人员的职业素养与业务能力。与此同时该部门还应该面向全社会公开招募在水质监测方面具有多年实践经验和专业扎实的优秀人才，为扩充管网水质监测人才团队提供了重要的人才支持。另外，在人员绩效考核中，管网水质监测及管理部门，还将相关工作人员的主动监测意识、问题分析与解决能力等一并纳入考核范畴，并将其与工作人员的职位晋升、薪酬待遇等切身利益直接挂钩，为此有效调动相关工作人员的内在积极性，使其能够全身心地投入到城市管网水质监测工作中。

（二）加强关键要点控制

1. 优化监测点选址

在城市供水水质监测中，开展管网水质监测工作时，也需要相关工作人员对其中的各项关键要点进行严格控制，在保障监测范围全面、监测结果精准有效的同时，也能推动管网水质监测实现可持续发展。在此过程中，工作人员首先需要立足管网水质监测的具体需要，严格遵循国家相关规定要求，主动优化监测点选址。例如，根据管网稳态流理论，可先假设与水源距离较远且经过时间较长的情况下，供水管网中水质指标相对较低。利用水利分析获得各节点路径，在此基础上得到相应矩阵，此时矩阵中的元素 $w(i, j)$ 代表上游 j 节点留至下游 i 节点时的流量，在全部流向 i 的水量中的占比。最后根据国家相关规定标准要求，对矩阵进行转换使之成为整数规划问题，进而有效获取水质信息的节点，将其作为管网水质监测的监测点。但为保障管网水质监测工作的全面性，笔者建议在采用此种方式的基础上，可以在将矩阵转换成目标函数时，减去城市供水管网当中水力停留时间因素，同时使用权重计算法根据实际情况对目标函数进行相应调整。使得监测点的布设范围可以得到有效扩大，即便已经存在较长时间的节点，也能够作为管网水质监测节点。

2. 做好全面化普查

在实际开展城市供水管网水质监测工作中，相关工作人员要重视做好各项普查工作，全面搜集整理与管网水质监测相关的各种信息资料，包括所在区域内的管道数量及其分布、管道年份与使用材料、管网周围建筑物的结构形式等，其均会不同程度影响着管网水质质量。加强城市管网水质情况的全面调查，对于提高监测结果的真实性与有效性意义重大。因此相关工作人员应当主动联合当地政府部门，积极获取城市供水管网规划设计图，并主动征求专业人士或专家学者的意见，了解各年份、各类材料以及各种建筑结构形式对城市供水管网水质产生的实际影响，为后续管网水质监测工作的高效开展奠定坚实良好的基础。

3. 细化各监测指标

无论是在城市供水水质监测还是其中的管网水质监测中，相关工作人员均需要认真按照国家各项规定要求，制定出统一、明确的水质监测指标体系，并对其中的各项监测指标进行深入细化，使得工作人员能够更加全面、真实、深入地了解所在城市地区供水管网的水质情况，制订科学合理的水资源利用与处理方案，切实保护好我国水资源环境。例如，在某城市的供水管网水质监测中，工作人员以该城市的供水实际为基础，遵循相关标准要求，在依照水处理效果指示指标、水资源环境外部污染指示指标等基础上，科学选择相应的水质监测项目后，设定了包括浑浊度与色度、细菌总数与自由余氯、耗氧量、pH 等在内的众多水质监测指标，并由此构成了完整的管网水质监测指标体系。根据我国相关标准规定，氯与水接触 30 min 后应至少为 0.3 mg/L，城市集中式给水除出厂水需与该标准要求相符之外，管网末梢水应至少为 0.05 mg/L。

（三）运用各种先进技术

为有效提升城市供水管网水质监测效率与监测质量水平，笔者认为相关工作人员应当积极引入各种先进信息技术以及专业化的高性能仪器设备等，建立覆盖面广、功能多样的城市供水管网水质监测系统。例如，运用包括 pH 仪表和余氯在线分析仪等分析仪表，配合使用 PLC 与信号采集装置，利用无线传输的方式将其与专门的管网水质监控系统相连接，从而建立起支持在线进行管网水质监测分析与远程控制管理等功能的水质监测平台。工作人员根据自身权限登录进入该平台，可随时监测范围内的供水管网各项信息，包括站点分布图、站点状态、压力值等与液位值等等。同时平台在自动完成各项监测数据的实时获取后，运用传感器技术与大数据分析等先进技术，将会自动对监测系统采集得到的各项信息数据进行汇总整理与深入挖掘，以图表等形式统计分析出被监测供水管道中的各项水质指标情况，进而有效帮助工作人员全面掌握所在区域的供水管道水质情况，一旦监测发现水质指标超出规定标准值，平台将会立即发送报警信息，提醒相关工作人员注意。尤其是针对该管网水质监测平台设计研发出专门的手机 APP 软件，工作人员可直接利用智能手机或平板电脑等，在准确输入用户名与密码登录软件界面后，在线查询站点位置、监测数据分析结果、实时监测数据与各项历史数据。如实时数据中，软件页面将会现实各站点名称与采集时间、站点所在区域与检测状态，对应的压力值等。使得工作人员可以更加直观、准确、清晰地把握监测区域中的管网水质变化情况，提前防治水污染事故发生。

另外值得注意的是，在建立和使用供水管道水质监测系统时，相关工作人员也应当定期对系统当中的各项专业设备仪器、工具软件等进行运维管理和升级更新。例如，针对使用的余氯仪，需每月对 500 mL 试剂瓶中的缓冲溶液、指示剂进行更换，若温度低于 27℃ 则需要每半年更换一次泵管道。每隔 15 d 清洗一次余氯仪，以保障其能够始终处于良好的运行状态。

总而言之，在城市供水水质监测中必须重视加强管网水质监测，否则势必会影响水质监测工作有效性的充分发挥。因此相关工作人员需要在充分结合实际情况，严格遵循国家各项规定要求的前提下，主动完善管网水质监测机构，积极运用各种先进技术手段建设高性能的管网水质在线监测系统，重视对其中各项关键要点如监测点的选址、监测指标设定等控制管理，从而更好地完成城市供水管网水质监测工作。

第二节　水源地水质监测与预警

一、水质监测预警系统的构成及功能

目前我国水污染问题日益严重，饮用水污染事件频频发生，如 2014 年的兰州自来水苯超标事件、2013 年的杭州自来水异味事件等造成了非常恶劣的社会影响，饮用水安全问题已经引起社会各界的普遍关注。我国的饮用水安全问题主要需要解决三个问题：饮用水充足、饮用水水质安全、特殊情况的安全预警。但由于现实中经常是出现问题之后才开始运行应急预案，对于水污染的危害和严重后果在处理上存在一定程度的滞后性，这就需要我们在事态严重之前做出有效的预警，需要进一步加强水质监测系统在水源地的推广和应用，实现水资源预警工作的及时性和有效性。

（一）水质监测预警系统的概念

水质监测预警系统是利用地理信息技术、遥感技术、计算机技术、网络技术等高科技手段，对水源地的地形地貌、生态环境、水质、水源分布等数据信息进行实时收集和储存，并对水源地的水质情况和水源污染物的变化过程做全程的监测和动态模拟分析，通过计算机技术对数据资料进行分析和整理，形成一个集监测、预防、模拟、分析、计算、决策、管理为一体的科学的水质监测预警系统。这一系统的主要目的就是对水源地水质的突发状况做出及时准确的预警和分析，为相关部门能够准确快速地解决水源地水质问题，并做出及时准确的管理和决策提供科学的数据参考。

（二）水质监测预警系统的构成

水质监测预警系统由水质监测、数据传输、预警三个子系统组成。由水质监测设备、取水设备、信号转换设备、数据采集设备、数据采集分析软件等共同构成水质监测系统，使水质监测数据的信息转换成计算机系统可以识别的数据信息，经过数据传输系统将监测到的数据信息输送到远程服务中心，这一过程能否快速有效地完成直接关系到水质信息数据是否能够及时传输到相关部门，最后通过水质监测预警系统将收集到的原始数据信息资料进行存储和分析处理，并最终将处理结果报送至决策部门。

（三）饮用水监测方式

饮用水监测包括三种方式，分别是实验室监测、移动实验室监测、在线监测。目前相关饮用水监测监督部门大多采用化学监测，采用便携式的水质监测设备，对饮用水进行现场取水现场监测，但由于人员和设备的限制，以及数据采集和分析的时间比较长，对于饮用水水质问题往往不能做到及时快速的反馈。作为饮用水实验室监测的一种重要的补充方式，饮用水在线监测能够将水质卫生指标传感器、无线传输设备、远程监控集为一体，配以专业的软件，实现水质在线自动监测系统。可以对饮用水进行 24h 的连续监控，并对相关监测数据及时传输和公布，在线监测是水质监测预警系统不可或缺的重要组成部分。

二、水质监测预警系统在饮用水水源地的应用

将水质监测预警系统有效地运用到饮用水水源地，需要对水质监测预警系统进行不断的完善和升级。对饮用水进行监控需要完善的水质监测网络，建立健全完善的水质监测体系和监测标准，科学设置监测项目，严格按照《地表水环境质量标准》《地下水质量标准》等相关技术规范来执行监测。对水源中的硝酸盐、大肠杆菌、氨氮等关键指标做重点监测。

加快水源地水质监测预警系统的建设步伐，由于水源突发事件多具有紧急性和严重的危害性的特点，如果不能及时有效地进行快速应急处理，可能会带来非常严重的不可逆转的后果，所以我国应加快建立饮用水水源地的水质预警系统和应急系统。首先政府部门应做到逐级建立健全水质监测应急机制，落实各个部门的相关责任人，制订科学的水质应急预案，以便在突发水质问题的第一时间及时应对和解决，不造成进一步的社会

恐慌。其次，政府部门应加大对于水质监测预警系统相关技术和设备的投入，加强对水质监测的技术研究，尤其要加强应急供水相关技术的研究，加强对问题水源的消毒和处理技术的研究，加快建立应急供水的评估系统。加强人才培养，提供高技术人才保障，从高等院校、科研单位中挑选专业人才组成专家组，为及时处理水质问题提供技术支持。

综上所述，饮用水是人类生存的重要资源，是影响人民身体健康和社会稳定的重要因素，在取水、制水、输水的各个环节都需要对饮用水进行全面的监控，并对相关水质指标进行实时监测和反馈，做到动态监测和及时预警。由于近些年饮用水问题日益严重，给人民生活和用水安全带来了极大隐患，建立和完善水质监测预警系统对于及时全面地掌握饮用水水源地的水质情况、保障居民的饮用水安全、及时处理突发水质问题等具有非常重要的现实意义，因此水质监测预警系统应该在饮用水水源地进行全面推广和使用。

第三节　城市供水水质异常检测

一、城市供水水质异常分析

对于水质的异常来说，主要是指实际水质和正常标准产生了偏离，水质监测的系统内，水质的偏离情形会随水质的环境变化而发生动态的改变，对供水中余氯、总的有机碳、电导率、pH 值以及氧化还原的电位进行水质检测，来对其异常进行判断，但并不能有效地发现水质异常情况的原因。城市供水水质异常出现的原因受到诸多因素的影响，异常表现的类型比较多样。基线变化的异常情况主要因为工艺的操作而引起的，比如，在进行阀门和泵打开与关闭中，都可能导致水质基线出现变化，同时我国很多老城区的供水管网所铺设时间也超过了 50 年，年久失修的管网占到了供水管网总长度的 6%左右；离群点也是常见的水质异常情况，水质时间的序列内，水质的参数会于某一具体时间点中突然发生增大或者减小，这个时间点水质数据和其他数据具有显著差异性，这一个时间点内测量值就当作离群点，这种情况的发生主要和噪音有关；在水质检测的结果中，其水质的参数值测量值和标准值具有显著差异性，这种异常事件主要是外界污染物的排放所导致的。比如，在 2011 年杭州所发生的运输苯酚的车辆翻倒，导致其周围水厂受到影响，造成周围近 55 万的居民不能正常用水。上述城市供水水质异常中，离群点主要是单一的时间点水质的测量值和标准期具有差异性，而其中基线变化的异常以及异常事件主要是于一段的时间范围内部分离群点进行聚集。

二、城市供水水质异常检测方法

（一）在线水质参数检测

在城市供水水质的异常检测中，在线的水质参数检测法是比较常用的，其主要是根据城市的供水系统中历史的水质监测信息数据为基础，来进行供水水质的变化模型构建，并将其当作水质初始的监测数据指标，然后把所构建水质变化的模型与实际的供水水质获得的检测值进行对比，对其进行分析来判断供水的水质是否存在异常情况。在线水质的异常检测一般有机器学习的算法以及统计理论的算法等。机器学习的算法是对大量测量的数据进行分析，进而计算和鉴别出异常和正常的数据，借助分类器来对其未知的测量数据进行分类，主要有单类别以及多类别的异常检测等；另外，城市的供水水质进行异常检测具有向量机以及贝叶斯的网络分类算法等，此类算法可以有效地实现城市供水的水质异常准确检测。这种方法对一些未知的数据分类十分迅速，但其必须要具有训练的数据集来进行分类器训练，很难获取数据集的标签，影响其分类精度。统计理论的算法主要是按照统计的理论，来进行城市供水的水质统计相关模型的构建，根据模型数据与实际供水的水质检测相关数据实施对比，来进行水质异常情况的判断，通过计算出若干测试的样本数据的方差以及平均值，与预先所测定参数实施对比，如果均值是比方差大的，则就认为供水的水质是异常的，这种方法不需要掌握水污染的基础知识，具有很高的准确性，对训练集要求也不是很高，但其必须要对水质数据的满足分布条件进行假设，容易导致水质的污染事件和正常的水质模型出现混淆。在线水质参数检测中，一般还需要对检测算法性能进行验证，通过 ROC 曲线进行判别，ROC 的线下面积作为正确决策概率，其指标的范围控制在 0.5 ～ 1 之间，若 ROC 线下的面积在 0.5 ～ 0.7，则其准确度比较低；在 0.7 ～ 0.9 之间则说明准确度比较高；在 0.5 时，则说明检测没有作用。

（二）RBF 自由化神经网络预测法

RBF 的径向函数一般包括输出层、输入层以及隐含层，其所输入信息数据按照作用函数的作用而映射至隐含层中，后按照数据的变化在输出层中进行响应的发出。这种神经网络的预测模型一般是对城市供水的水质非线性的动态关系进行预测，其准确性也十分高，其主要和差分进化的算法进行有效的结合，借助编码、对差分进化的参数进行设置、种群初始化以及 RBF 的神经网络相关参数来进行相应函数的选择，进而分析其水质参数的适应度有无满足异常参数的收敛进度要求，对进化代数的准确性进行判断，将其变异操作有效转变成变异的向量，从而形成相应操作的种群。RBF 自由化神经网络预测模型在进行差分进化的算法应用操作过程中，要先生成相应初始的种群，后进行变量、交叉及选择操作等步骤，对其适应度进行验证和计算，差分进化的算法主要参数的设置有种群的规模、交叉的概率和缩放的因子以及最大进化的代数等，以上四种参数对求解的效率以及求解的结果有着直接的影响。利用这种神经系统的模型来对水质样本的数据进行相关因子的分析，所得到的检验统计量需要大于 0.6 才能够满足主成分的分析要求，通过对其前 4 个提取因子进行分析，前 4 个主成分样本数据要正好在 85% ~ 95% 的区间中，将主成分分析获取的结果作为 R BF 神经网络的输入端，构建 R BF 神经网络进行预测。这种方法不仅具有很高预警的精度，还能够有效地减少模型参数设置的复杂性，提高水质的预测计算自动化。

（三）目标函数模糊聚类算法

和城市供水的水质异常实际情况进行有效的结合，进而使用计算机相关软件按照相应的目标函数来进行城市供水的水质异常情况判断，目标函数模糊聚类算法具有简单快捷的应用效果，借助计算机系统和软件就能够实现。城市供水的水质检测中，这种目标函数的模糊聚类算法也被称作模糊均值的算法，其一般把水质数据的聚类簇当作是一完整模糊的集合类型，按照城市正常供水水质的历史信息数据，来对水质的异常模式进行探究，如果检测出城市的供水水质存在异常的数据，且其与数据库内异常的数据是匹配的，则就判断其供水的水质存在异常。在这种目标函数的模糊聚类法使用中，是通过记录的时间以及记录值所产生的有序的元素汇集一起进行水质时间的序列构成，水质的异常模式相关数据库的构建是按照对聚类量统计、对聚类模式提取、对水质异常的事件序列统计以及供水水质的异常检测顺序实现的。在水环境的质量监测中，先随机出 1 ~ 5 个整数，1 表示 I 类的水质（pH 在 6.5 ~ 8.5，溶氧饱和度是 90%，生化需氧量 3mg/L，铜 0.01mg/L，铬 0.001mg/L 等），2 表示 II 类（pH 在 6.5 ~ 8.5，溶氧饱和度是 60%，生化需氧量 3mg/L，铜 1.0mg/L，铬 0.005mg/L 等），进而依此类推出 5 表示水质指标超过 V 类水的标准 (pH 在 6 ~ 9，溶氧饱和度是 20%，生化需氧量 10mg/L，铜 1.0mg/L，铬 0.01mg/L 等)，后按照水环境的质量标准对水质类别范围为进行水质指标的随机数值产生，进而分别对在丰、平、枯等水期进行取样和监测，看其各断面的指标浓度平均值是否满足要求。这种方法实现了和信息技术以及识别模式的有效结合应用，为那些无监督的分类问题提供了完善的理论框架，通过对水质各种数据的聚类分析，实现水质检测目的，但这种方法发展还不够成熟，并且操作和应用比较复杂，对操作人员的知识水平要求比较高。

综上所述，城市供水水质直接影响着人们的人身安全，为了保证城市供水水质满足人们使用的标准，相关部门一定要根据城市供水水质实际的异常情况，合理选择城市供水水质异常的检测方法，这对城市可持续发展也具有重要意义。

第四节　供水水质监测系统建设

目前，城市化水平不断提高，城市供水越发引起人们的重视。然而，在我国供水管网中尚存在一些亟待解决的弊病，诸如管网老化现象较为严重，直接影响到饮用水的质量，威胁到居民的健康。为有效改善这种局面，宜实施全过程水质监控，对水质进行科学合理的管理。

一、供水水质监测预警系统技术平台构建分析

（一）供水水质监测预警系统技术平台建设的必要性

我国幅员辽阔，共有 661 个城市，综合考量全国各地供水水质现状，其表现出较强的多样性，且三级管理的复杂性和难度较大。同时，因一直缺少科学合理的技术手段方面的支持，使得分级管理体制运行的效率不高，加之我国施行的《饮用水卫生标准》新标准的指标出现大幅度增加，按照以往的标准，共有 35 项指标，新标准实施后，相关指标增加到了 106 项。为使《饮用水卫生标准》新标准得以顺利实施，水质检测部门一定要充分发挥自身职能和作用，致力于提供强有力的水质监测预警和应急技术。

对于现阶段我国供水管网中存在的一些问题，传统的管理模式很难将其有效解决，为此，宜革新管理模式，采取全行业分级监管的方式，使各级供水企业以及监测中心和主管部门认识到自身的责任和权限，在权责分明的前提下，可使相关监管措施更好地发挥作用。值得注意的是，一旦产生突发性的污染事件，很容易影响到水质并对居民的生命健康构成威胁，为有效预防此类事件发生，使城市居民在突发性的污染事件中具有较强的应对能力以及响应能力非常重要。为此，国家相关部门一定要强化水质动态监测系统的建设。同时，为更好地应对突发事件，强化对水质数据的分析并整合各类相关信息也很有必要。

（二）供水水质监测系统技术平台总体架构

城市供水水质监测预警系统技术平台具有较强的系统性，包含了多个层级的平台，主要有城市级供水水质监测系统技术平台、省级供水水质监测系统技术平台、国家级供水水质监测系统技术平台。在以上三级平台中，基础设施层发挥着重要作用，其是供水水质监测系统技术平台顺利运行的前提和基础。此外，信息资源以及数据层也非常重要，

其可对同构以及异构的相关数据资源进行有效整合，从而组成数据库。在供水水质监测系统技术平台中，服务层也是不容忽视的部分，其可对基础功能以及业务功能进行科学合理的运用，并在平台框架的基础上构建相应的应用模块。供水水质监测系统技术平台中的应用层可看作是业务应用系统，主要被用来向各级用户做相关展示。

在以上三级平台中，市级供水水质监测系统技术平台的业务范围较为广泛，主要对城市水质进行有效监测以及预警，并进行日常管理等业务。省级供水水质监测系统技术平台主要面向省级主管部门，其主要负责总结和归纳各市级系统的信息和相关数据，并提供跨城市预警管理，以此有效保障全省范围内的水质状况，并提供相关技术以及决策方面的支持。国家级供水水质监测系统技术平台主要面向国家级主管部门，从功能框架以及布局方面看，其与省级供水水质监测系统技术平台较为相近，二者仅在侧重点上略有不同，国家级供水水质监测系统技术平台侧重于归纳和总结各省级平台的相关信息。为使三级平台的指标的统一性得到有效保障并实现三级平台间的数据交换，国家相关部门可通过 VPN 技术进行三级网络的构建，在此基础上，宜综合各方面的情况设立水质数据信息分类编码标准，对水质信息以及水质基础信息等进行科学合理的规范，同时，还要采取行之有效的措施，使数据交换接口更加规范，并使水质数据及报表等信息和数据的可靠性得到切实保障且实现自由交换。

二、供水水质监测系统在东莞市的应用

现阶段，供水水质监测系统的建设的必要性越发凸显出来，国家相关部门历经数年努力，已经建成包括应急处理模块在内的八个极具实用性的模块，使城市供水水质监测预警系统技术平台的研究取得了突破性的进展，并在此基础上有效实现了三个统一，即基础数据统一、软件基础功能模块统一和用户管理统一。供水水质监测系统已经在东莞市得到应用和推广。在水务监测中心的协调和把控下，东莞市的在线监测点不断完善，有效实现了数据监测以及传输入库，且实现了对东莞市各个市级水司以及镇级水司和相关水厂上报实验室检测数据的有效监测。发展到现在更是取得了较为可观的效果，为东莞市市民饮用水的质量提供了有效保障。供水水质监测系统在东莞市的应用有着不容忽视的价值和意义，其为东莞市相关部门和技术监测人员提供了一个有效的供水水质数据的监测、分析以及预警和应急的集成工作平台。供水水质监测系统的应用，不仅使东莞市的水质得到有效保障，且推动了平台功能不断朝着良性的方向完善，并使供水水质监测系统平台的实用性以及扩展性均得到显著提高，有效保障了东莞市居民的生产、生活用水，并且提高了城市生活质量。

综上所述，目前，为改善我国供水管网中的一些弊病，建设三级城市供水水质监测预警系统技术平台非常重要，其可以为中央到地方的水质分级管理提供信息和数据方面的支持，也为试点城市的水质主管部门以及供水单位管理水质提供了平台。通过供水水质监测系统技术平台的建设可以有效保障城市饮用水的水质，提升居民生活质量，进而推动全社会的发展和进步。

第五节　水质监测关键技术与标准化

饮用水在线监测技术的相关规范缺失，导致城市水质在线监测工作难度高，引起数据质量控制不足、管理较为缺乏等状况。通过对饮用水的监测进行优化处理，重点提高实验室优化检测手段，改善应急监测处理体系，进而提供更加合理的水质监测技术体系。

一、水质监测关键技术分析

城市供水的实验室分析中，存在检测设备、检测方法分析成本高、上限达不到要求、对应国产设备的不足、创新效果差等较为常见的状况。本节从样品采集、存储、处理、仪器准备以及样品处理检测、消除干扰几方面进行分析，并建立对应检测标准，在国内31个省市地区实现了方法验证处理。实验室检测分析中，关键技术主要包括以下三个方面：①通过对臭味、环氧氯丙烷、致臭物质、七氯、灭草松及微囊藻毒素等指标的检测方法的改进，弥补了现行国标方法的缺陷，满足了城市供水行业对水质监测的要求；②通过改进检测方法和对国产化检测设备试剂的应用，大幅度降低了贾第鞭毛虫和隐孢子虫、臭氧、二氧化氯等指标的检测成本；③借助先进科技对挥发性强的物质进行检测效率的提升，如农药、酚类等，在降低检测成本的同时，提高检测效率。课题针对乐果等12种常见农药进行色谱-质谱分析处理，借助二者联合的方法实现了监测时间的压缩，从20h降低为15min。

二、水质在线监测技术分析

通过对国内供水状况进行分析可得出：现阶段，该技术的应用范围逐渐扩大，从水源到管网均需进行规范化处理。水厂根据相应行业规范、企业规定进行数据处理，提高在线监测的科学性、准确性，对应必须满足规范要求。根据国内水源、传送、配水系统的分析得出，在线监测主要针对 PH、温度、电导率、氨氮等进行监测分析。课题研究人员进行了充分的现场实验分析，对量程漂移、零点漂移、实际水样比对误差等，对在线仪器检测稳定性有较大影响的参数进行了评价和规范；研究清洗、校验对在线监测设备运行状态的影响，分析在线监测值与实验室标准方法检测值之间的比对偏差，提出城市供水在线监测设备的维护内容和维护周期。与实际水样进行误差对比，借助统计学分析得出对应理论，在线监测中，以数值的累积误差达到95%的数据作为规定水样的对比误差。通过城市供水在线监测技术分析，形成了规范化操作系统，对浊度、余氯等制订了较为严谨的维护方案，实现了仪表验收、数据管理的规范化操作控制，保证了社会供水的监测可靠性、数据采集的合理性、精确性、实用性要求。

三、应急监测技术分析

针对国内外城市供水污染状况案例进行水质污染分析，提高整体水源、管网的科学性，避免水质污染、交通污染等问题是首要方法。现代物质社会发展较快，对应泄漏污染的破坏严重、种类多、频率高是主要问题。为此，加强相关金属、非金属的研究，提高水质污染控制管理水平，进而建立对应城市供水体系的优化具有重大意义。

（一）城市供水应急方法研究分析

针对城市供水特点，对硝基苯、藻毒素等进行反应温度、时间、浓度的合理分析十分必要。进而建立对应实验室监测手段，进行相应的免疫原理分析，研究出对二硝基苯、双酚 A 等主要常见污染物的检测。借助应急监测可实现从传统 1 ~ 5h 的检测时间缩短为 5 ~ 40min，同时对应检测精度可满足饮用水的检测规定。以藻毒素为例，通过对检测方法进行合理优化调整，对应检测限值需要控制在标准范围之内，便于进行应急检测处理。

（二）基于光谱特征的未知污染物快速识别法分析

根据城市供水应急案例分析可得出，对典型水污染事故、净化工艺中，常见污染物包括苯酚、腐殖酸等结构特征的物质。借助紫外、红外等检测方法可对其主要官能团、类别成分等进行分析，对应推导得出未知结构，便于进行后续城市供水污染的合理控制。

通过合理改进传统方法，相关作业人员编制了《城市供水水质检验方法标准》，分析臭氧、氰化物等物质洗涤处理，可充分控制相应卤代烃、氯苯类物质，提高水体指标。并且在线监测水源、管网，提高水质验收效果，便于优化调整后期维护运行处理、数据采集控制、质量监督管理等。从监测点的设置、运行手段、校验分析等方面，分析控制 PH、温度、电导率、浊度等相应仪器，为城市供水发展提供了更加良好的建设需求。根据应急监测、技术指引等方面对突发事故的检测、通报，必须加强对样品运输保存的合理控制、应急监测管理，提高整体污染物的监测识别水平。

第九章　城市供水水质安全管理与监测管理

第一节　地表水水厂运行管理

　　水是人类的生命之源，人类离开了水就不能生存，对于动植物而言，也是同样的道理。如果没有了水，那么地球上将没有生命，人类社会也会灭亡，更不会有未来的发展。面对地球上每年都在急剧减少的水源，对水源的合理利用已成为大家的关注点，因此，对地表水水厂的运行管理提出了不小的挑战，如何优化地表水厂的运营管理和保障水质安全成为摆在我们面前的课题。

一、地表水水厂的运营管理现状

　　随着我国城镇化建设进程的不断推进，社会大众对城镇供水系统的要求变得更加严格。受大的生态环境污染的影响，地表水源也在一定程度上受到了污染，因此难以保证供水水源的质量。作为地表水的运营管理部门，因未及时采取措施，保护好地表水源，加之处理工艺和管理水平的落后，限制了人们用水的质量。一方面是因为运营管理水平不高，另一方面也与落后的管理手段相关。也与监测设备有着紧密的联系，由于中小型规模的地表水厂水源监测设备落后，缺少自动化作业，只能采用人力的方式采集数据，严重制约了水源的监测工作。

　　在水厂管理中，人是重要的因素之一，因一些管理人员缺乏管理意识，卫生法律观念淡薄，导致地表水厂的卫生管理工作不到位。在我国，很多中小型水厂的水质检验能力不足，需要借助第三方单位进行水质监测，加之缺乏强有力的水质监测制度体系，致使水质安全工作面临严峻的挑战。此外，在实践应用中，水厂的基础设施、管网体系、设备体系等受资金限制，也缺乏系统规范的维护及保养，直接影响了出厂水的水质质量。还有很多的水厂不具备完善的消毒体系，其消毒设备应用不规范，消毒工作人员缺乏良好的工作技能，不能实现对消毒知识的深入掌握，导致水质量问题层出不穷。

二、提高供水水质安全的策略

随着科学技术的不断进步，城市化建设进程的不断推进，为了建设美好和谐的城市环境，对地表水水厂的运营管理工作提出了更高的要求：摒弃之前落后的管理手段，改造落后的监测设备，积极发挥水厂管理人员以及工作人员的主观能动性，提高水厂调试运营效率，最大限度地保证供水的水质安全可靠。

（一）引进先进设备

坚决执行国家新的水质标准，对于陈旧落后的地表水处理设备及检测设备，供水企业要加大融资力度，及时更新。随着我国机械制造业的不断进步，已经能够制造出具有自主知识产权的水处理和监测设备，而且价格低廉，大大降低了设备更新的成本投入。使用先进的设备，不仅能够在很大程度上节约人力、物力，还可以提高工作效率，同时对地表水水厂的未来发展也能起到促进作用。

（二）贯彻水厂资质标准体系

要严格贯彻水厂资质标准体系，保证供水单位具备良好的资质。这需要对供水单位的资质进行分析。在水厂管理工作中，针对不同的工作要进行具体管理，做好供水规模模块、管理服务模块、水源管理模块、供水模块、人员管理模块等的协调工作，确保水厂水质的有效管理。水厂要积极做好水质的检测工作，及时发掘人才资源，控制好水厂供水的规模，保证其整体生产及安全性的提升。相关行业协会要针对水厂的具体情况，做好分级资质认证和指导工作。

（三）密切监视水质

地表水的处理过程十分复杂，每一道工序都有着不可或缺的作用，在水处理的过程中，需要实时监测水质，以指导后续处理工艺。通过水质监测，可以很好地了解水处理过程中是否出现了问题，一旦监测值偏离标准，就可以判断水处理过程中是否有事故发生。如存在事故，就要及时调整运行方案或终止运行，以免带来更大的损失。

（四）发挥价格杠杆的作用

在国内外城市供水中，水价管理扮演着重要的作用。随着社会经济的不断进步，人民收入水平的不断提高，我国的水价制度不断得到优化，从单一性的水价管理模式扩展到多元化的水价管理模式，例如，从居民用水的低价到商业水价等的过渡。由于城市供水价格制定关系社会大众福祉，因此，在我国供水价格制定中，受物价部门指导，采取社会听证的方式确定水价。一般价格的制定往往不足以抵消供水过程中产生的成本，导致国内大部分供水企业亏损运营，也就直接影响了供水企业对水厂设施设备的投入，间接影响了供水水质。通过对我国水价制度的改革，发挥水价的杠杆作用，既可以促进节约用水，有效地解决社会的水资源短缺问题，又可以提高供水企业的生存能力，增强其优化提高供水水质的动力。

在水厂水价制定过程中，相关负责人需要做好供水成本的核定工作，其水价的制定必须经相关部门审核并批准后，才能进行收费。此处也呼吁物价部门要关注供水企业的发展，根据当地实际情况及时调整水价，在保障社会大众水价承受能力的同时兼顾供水企业发展，以实现城市供水的良性发展。

四、管理与供水水质安全的重要性

加强对地表水水厂的运营管理，构建适于自身的运营管理模型，可以不断增加地表水厂运营管理的经验，同时发挥管理的突出作用，最大化地调动员工的工作积极性，通过利用先进的处理和检测设备，可充分发掘既有地表水厂的工艺潜能，使水处理过程更加牢固。因此，强化地表水厂的运营管理对于提高供水水质安全意义重大。

地表水厂的运营管理与供水水质安全有着密切关系，增强地表水厂的运营管理能力是提高供水水质的重要保障和前提。在当前国内地下水资源严重贫乏，难以支撑不断扩大的城市规模的情况下，建设以地表水为水源的水厂是紧跟国家政策导向的睿智之举，然而地表水厂处理工艺较为复杂，运营管理难度相对较大，也就迫切需要紧绷安全供水这根弦，不断提高运营管理水平，切实保障供水水质安全，以符合国内不断提高的供水水质标准。

第二节　供水水质监测管理

人类的发展进步与水资源息息相关。在城市供水保护工作中，水质监测工作非常重要，面对水资源污染严重的现状，水质监测工作更是维护居民切身利益、保障社会安定发展的重要前提。随着科学技术的进步，水质监测工作也有了很大发展，相关工作人员要认真研究引起水质污染的原因，制定相应的预防和处理措施。

一、城市供水二次污染分析

（一）二次污染对城市供水系统水质的影响

目前，在我国各大中城市供水系统中，出厂水质检测合理率已达99%以上，很多相关指标往往大幅低于限值，水质浊度也符合标准要求。然而，城市居民用水的安全问题依然存在，如水质颜色偏黄、浑浊不清、有悬浮物等。一些追求生活品质的家庭，已由烧自来水转为饮用桶装水，或是自己安装净水设备，在很大程度上增加了生活成本。出现上述问题的原因，主要是由于供水系统在水的输送中产生的二次污染。

（二）造成城市供水水质二次污染的原因分析

供水水质的二次污染通常可归纳为管道沉积物、涂层渗出物，以及消毒副产物等方面的污染，微生物再生、消化作用等微生物方面的污染，以及在气味、味道、颜色和浑浊度等方面的感官性污染问题。而产生这些问题的原因主要包括：

1. 管道腐蚀、结垢、渗出、损坏

由于金属管道、配件、水箱和水塔等输配水设施本身含有杂质，金属与杂质之间存在着不同的电极电位，因此在水的作用下会形成无数微腐蚀原电池，使管道内壁产生大量铁、锰、铅、锌等金属锈蚀物。当供水系统内水流速度、方向或水压发生波动和突变时，就会将上述污染物带入水中，造成短时间的水质恶化，出现色度、浑浊度、铁、锰等多项指标超标。目前我国城市供水干管主要采用钢筋混凝土管或铸铁管，铸铁管道一般采取水泥砂浆衬里或沥青涂料外防腐。金属水箱通常使用沥青防腐或者采用镀锌钢板，也有少量采用防锈漆。上述防腐措施尽管对防止金属腐蚀起到了良好的作用，但相应也带来了渗出物对水质的二次污染问题，如冷镀锌防腐锌层薄且附着力差，极易造成局部脱落使水中锌浓度升高，防锈漆附着力差，极易脱落，造成水中铅浓度增加。使用水泥砂浆衬里的给水管道由于砂浆衬里的腐蚀或软化、水的碱化作用，不仅降低了管径的有效过水断面，而且对水质也会产生不良影响。

2. 微生物污染

首先，在出厂前的净化过程中，水中多数微生物都已被杀死，但残余微生物仍可能在出厂后的一段时间内大量繁殖。虽然管网中有一定含量的余氯可以起到消毒杀菌的作用，但研究显示，气单胞菌属、节杆菌属、芽孢杆菌属等多种耐氯微生物仍能在其中再次生长。

在一定条件下，分枝杆菌属、气单胞菌属等致病菌会在管网水中生长，严重威胁人类健康。微型真菌的生长能引起水质嗅和味的恶化，特定的放射菌则能破坏管材联结点的橡胶圈，管材表面的细菌增殖会形成生物膜，传导氢离子和氧并形成电位梯度，加速管道腐蚀。当水中有氨氮和氧存在时，亚硝化细菌和硝化细菌把氨氮氧化成亚硝酸氮和硝酸氮，反硝化细菌则将硝酸盐还原成亚硝酸盐和氮气，使水中亚硝酸盐浓度增加，增加了自来水的致癌性。此外，在水体加氯消毒过程中，水中的天然有机物也可能与氯发生反应生成对人体有害的消毒副产物。

二、城市供水水质监测存在的问题

（一）水质采样环节存在的问题

水质采样是影响水质监测的关键环节之一，在这一过程中需要进行严格的管理，比如采样过程、采样点的分布、样品的选择、仪器的使用等，不管哪个环节出现问题都会影响水质监测的准确度，使测量结果偏离实际。

（二）水质监测实验室环境问题

实验室的温度、湿度、粉尘等环境因素对水质监测工作的质量有直接影响，特别对水质监测精度有着直接或间接的决定作用。当前在水质监测的具体工作中，实验室环境出现了温度范围浮动过大、湿度控制不力等问题，使水质监测结果的精确度难以保障，并给水质监测的误差出现提供前提。

（三）水质监测仪器仪表问题

仪器仪表是水质监测工作的工具，工具的精确性和质量决定水质监测工作的品质，当前仪器仪表在精度、性能上出现不符合水质监测工作需要的实际问题，部分仪器仪表长期得不到矫正，使仪器仪表难以保障水质监测工作的质量，影响水质监测的结果。

（四）水质监测测试过程问题

水质监测工作需要严格遵循工序和标准，而当前很多水质监测工作人员对水质监测工作没有重视，出现对水质监测环节和测试过程的不理解和不重视，测试过程中相关要点得不到重视，异常值得不到有效平差，影响了水质监测工作的质量。

（五）水质监测数据处理问题

数据处理的过程和细节直接对水质监测的结果产生巨大影响，很多水质监测工作没有遵循监测中的"数据修约原则"，这会直接造成水监测结果的误差，进而从根本上影响水质监测工作的整体质量。

（六）水质监测结果分析问题

结果分析的质量决定水质监测工作的水平，当前一些水质监测工作人员为了提高工作速度，贪图省事，对水质监测的结果没有进行科学而全面的分析，导致水质监测工作不能产生实效性的效果，进而制约水资源管理和保护工作的深入开展。

三、加强水质监测工作的方法和措施

（一）提高水质监测分析的质量

相关人员应该树立水质监测工作中运用监测技术的意识，通过对水质监测工作环节的强化来提升水质监测工作的质量。相关人员要在实验室的准备阶段控制好水质监测工作的各个前提与基础，在水质监测样品的采集阶段，尽可能地用垂线布设的方法进行采样，在水质监测数据处理和结果综合分析阶段，要做到环节强化、技术应用和责任明确，以便确保水质监测工作的质量。

（二）加强信息管理技术的应用

由于我国长期的区域经济发展水平不均衡，导致各地实验室建设的规模和程度差异较大。因此，为使监测数据的可比性、统一性与规范性的加强，需要国家制定相关标准建立和完善技术应用与实际相符合的标准化实验室，并配备常用的快速自动分析仪，并根据地方特点的不同配备需要的各种仪器。建立水质监测移动监测网络和应急方案，为预防重大水资源突发污染事故和水环境灾害的发生，应该以水务部门为中心建立起较为完善的水质监测移动网络和系统，现代化的水质监测系统由移动检测车，水质分析仪，图像采集和通信设备等构成。运用方便携带的分析仪器现场快速监测，实录污染现场，通过通信手段及时传送第一手资料给信息管理中心，并自动采集样品，将样品恒温储藏，为即将展开的实验室分析做准备。建立信息技术应用水质监测工作方案，要通过互联网、计算机和监测仪器的网络建立起数据网络，通过信息技术的加工和处理实现对水质监测工作的管理与定位，在实现水质监测工作网络化和信息化的基础上，提升水质监测工作的总体水平与质量。

水质监测是水资源保护和利用的基础工作，在环保化、系统化发展的大趋势下，水质监测工作向现代化进步已经成为趋势，要从水质监测工作存在的常见问题出发，立足于采样技术、实验室环境、仪器仪表、测试过程、数据处理、结果分析等重要过程，分析影响水质监测工作的因素，从水质监测分析和数字化技术的应用为切入点，形成水质监测工作的体系，在保障水资源工作管理和应用效果的基础上，建立新时期水质监测工作的新机制。

第三节　水质安全的技术管理

自从改革开放以来，我国社会经济的发展速度不断加快，同时也引发了许多环境问题。水资源作为生态环境的重要组成部分，水环境污染问题在目前极为突出，严重影响了生态平衡，而且威胁到了人类身体健康。在这种时代背景下，人民日益提高的生活水平同水质安全不达标之间的矛盾不断突出，造成许多不良社会影响，甚至引发了一些群体事件。因此，在目前工作中我们有必要加强城市供水水质安全管理，保证城市居民的饮水安全，旨在为居民提供安全、放心的饮用水。

一、水源管理

就目前严峻的水资源污染问题进行分析，做好水资源管理工作是提高饮用水质量、保证人民生命财产安全的关键。这就要求我们在饮用水安全管理工作中不单单要注重企业管理方法，还要从水源到水龙头各个环节综合分析，通过社会共同努力，从而加强水质监测和管理质量，以保证供水安全。水源是饮用水的源头，是保证水质安全不容忽视的基础环节。在工作中，加强饮用水税源管理和保护是我国各级政府工作的首要任务，是工作的难点也是重点。在工作中，为了推进饮用水水源管理工作，这里我们深入分析了相关管理对策。

（一）加大水源地保护措施的落实力度

在目前的工作中，我们要深入地贯彻和落实地区一二级保护防范措施，首先对那些有严重污染的水源区域居民要及时地实施搬迁，并且对水源设备进行限定更改，从污染源上有效地控制和减少水源污染量。其次，对这一区域的森林要加强保护，禁止一切砍伐活动，加大植树造林力度，禁止新建、改建具有污染危害的项目。再次，要做好全面污染防范控制工作，禁止使用高毒、高残留的化肥和农药。

（二）提高居民对水质保护的认识

在目前工作中，我们需要加大环境保护宣传力度，让居民从内心认识到环境保护的重要性，从自我做起开始保护环境，保护水源。在这种工作状态下，居民必然会对环境产生重试，这对开展环境保护工作有着重要的意义，同时能有效地提高居民的水源保护意识，落实相关法律机制。

（三）综合管理

在目前的工作中，我们要切实加强政府领导作用，明确各个部门的责任，实行齐抓共管的工作模式。在这种条件下，要建立科学、完善的管理机制，并且由政府牵头做好有关检查和管理计划，通过对现有水源污染问题进行研究，制定出科学、切实的保护方案，从而带动广大群众的共同参与，从根本上杜绝环境污染的产生。

二、净水厂处理方式的改进

由于我国环境问题突出、水污染严重的影响，我国大多数地区的水源中都存在着污染现象。对于那些污染轻微的现象，通常都是在自来水厂试验中设置了相应污水处理设备，通过这些设备来改善水质、提高水源安全性。在目前的净水厂处理工作中，主要的处理方法如下：

在污水处理的过程中，强化混凝工艺是去除水资源中氨氮问题的主要手段，该工艺在处理的过程中有着投资成本低、处理效果好且效果明显的优势，在应用的过程中为后续工艺提供了科学、合理的先决条件。

在水资源经过强化混凝处理之后，水质中的氨氮物质已经被清除的所剩无几了，在这个时候我们还需要采用系统运行微曝气的方式来去除水资源中残留的氨氮，经过这一阶段的去除，氨氮清除率高达8成以上，且达到了我国饮用水要求标准。

强化混凝联合UV/H2O2/微曝气系统既继承了传统的工艺，又对新工艺进行了探讨，系统在去除污染物的过程中，稳定性高，同时不会遇到生物处理时的水质变化带来的问题，作为改善老式处理工艺有处理效果好并节省建设投资的优点。

三、管网管理

（一）管网建设管理

1. 新建及旧管网改造

20世纪80年代使用的灰口铸铁管较多，内部没有采取涂衬防腐，造成内壁形成结垢层，使过水断面面积减小，造成供水压力下降，更严重地影响水质。为保证用户水压，势必会加大二泵房电耗，同时增加管网漏失率。

2. 管道施工管理

管道施工管理包括新排管道冲洗消毒验收，改排管道施工后的冲洗及开启消火栓清放浑水等措施，同时还包括管材质量、内外防腐、接口情况和水压试验等方面的监督。在停水操作中，需要认真审核阀门操作单，避免改变管道中水流方向，将施工对水质的影响降到最低。

（二）管网维护管理

针对有的城市存在各供水厂在城市分布不均匀而导致管网的最不利点水压不稳定，以及由于处于管网末梢的水停留时间长，水质差的情况，每年夏季高峰供水前都会组织各市相关力量对位于管网末梢区的消火栓和桥管落水阀进行集中开启，清放管网中浑浊的自来水，以确保管网的各个关键节点的水质安全。

（三）二次供水管理

目前很多老式建筑多采用屋顶水箱供水，由于屋顶水箱内的水停留时间较长，余氯消耗光后微生物生长导致水质变差，尤其夏天容易产生水质不达标的问题，为此每年需定期进行清洗，节水中心每年都与相关部门配合检查相关建筑的屋顶水箱，确保各市有相应部门负责此项工作责任人，分区包片。对于高层及小高层建筑的二次供水设施，有的属于公司，有的属于用户，产权的多元化使得其日常清洗与维护的责任不明。针对这种情况，可以内部设置专门的管理机构。

水质安全管理并不是一个部门、一个环节单独的任务，而是一个系统的工程。这要求供水各相关部门严格控制生产输送的各个环节，消除隐患。在做好水源地保护工作的同时注意建设备用水源，多渠道保障供水安全；在对原水水质特点调查研究的基础上，选择合适工艺，通过加强工艺管理和工艺改造，提高出厂水质，并具备突发事件的应变能力；改进和提高供水管网建设与维护水平，及时维护二次供水设施，创新二次供水管理模式，避免水质的二次污染。保障饮用水安全是一个长期工程，各供水相关部门只有常备不懈，严格执行管理上的各项措施，积极探索，才能从根本上保证水质安全。

第四节　水厂运行管理与供水安全

在我国社会经济快速发展的情形下，各行各业对于水资源的需求量逐渐上升，但与此同时，水资源的污染情况逐渐加重，水中的化学杂质元素含量大幅上升等，在很大程度上都会影响今后人们的正常饮水安全。因此，如何切实做好饮用水厂的安全管理工作，保障全国人民的饮用水安全，是一个非常值得认真研究思考的重大问题。

一、水厂设备运行安全管理和提高供水系统安全性能的现状

（一）污染物较为复杂

在目前的水体环境中，对水环境污染最多的是含氨化物、氮化物以及氰化物等，这

些物质对水的污染较大，对水体质量有着严重的影响。在这些污染物中主要包含了大量的尿素、尿酸、脂肪酸、碱、强氧化物等，对水生态系统产生了较大的影响。这些物质存在于水中是由于一些食品加工厂或是饲料厂、肉类加工厂等将污水进行随意的排放。污水中污染物的综合治理难度较大，要想在较大程度上提高水资源的质量，提高水厂的供水质量，就要对这些污水及其中的污染物进行积极的治理，对各类污染物的含量进行了解和分析。

（二）水质处理设备老化

我国目前正在运行的大型水厂中有大部分的水厂承建工程时期较早，其中水厂使用的改善水质综合处理工艺比较落后，用于水厂进行改善水质综合处理的技术设备也已经逐渐老化，并不一定能够完全达到目前的改善水质综合处理技术要求。在我国水源地环境污染越来越重的今天，水厂使用既有的改善水质综合处理技术设备并不能有效地进行改善水质的处理提升，这会直接影响公共区域供水系统改善水质的服务质量和安全保障程度。

（三）水厂水质检测水平较低

随着社会的不断发展，工业污染、农业环境污染、城市污染等所造成的环境污染物含量种类和环境危害严重程度都在不断地发生变化和深化提升，与之交互相对的配套的水质质量检测处理技术也在不断深化提升和逐步优化，然而，承建建设时期较早的苏州水厂所因其拥有的配套水质质量检测设备和技术水平较为落后，并不能完全满足当前对于水质检测污染物的综合处理技术要求，因此，水厂所提供的社会经济生产，人民生活需要的水质并不完全能够达标。

（四）人员储备较少技术不足

现在有些重点城市的自来水厂企业存在职工专业性水平较低、高层中素质技术人才少的突出问题，这些突出问题表现在我国经济社会发展较为落后的一些省市。很多大型企业维修设备在日常运行中，并不能及时得到有效处理，同时一些需要定期维护的企业设备也往往因为问题得不到有效解决从而不能及时顺利地完成设备维护处理工作，从而直接使得企业工程质量受到严重影响。有严重漏水问题甚至可能会出现水源短路无法供水，所有能供应的自来水都只能是没有经过消毒处理的自来水。

二、水厂运营管理与供水安全性之间的关系

水厂管理层及操作人员的水资源质量安全意识较差，在日常运营过程中不重视对水

质处理和控制工艺的更新，不重视对水质检测技术的更新，不重视对水质处理设备和检测设备的维修和淘汰，导致水厂中的水质问题并未得到发现，或发现后并未得到管理层的重视，导致水厂向社会各界提供的水资源质量和安全得不到保障，因此，水厂运营管理的水平和严谨性与水厂供水安全性有着千丝万缕的联系，这必须得到相关管理部门和管理人员的重视，保证居民生活用水和生产用水的质量。

三、水厂供水运行管理的设计原则

（一）易维护原则

水厂供水系统首先要便于维护，出现任何的安全问题、质量问题都能够在最短的时间内完成维修和维护，保证供水系统的稳定运行，保证社会生产生活的稳定用水。

（二）安全原则

水厂供水系统不仅要节约成本，提高生产经营效益，更要重视水厂提供的水质安全和水厂本身的信息安全，避免因为信息安全影响水厂的正常运营，避免因为水质安全影响社会公众的身体健康和生命安全。

（三）便于操作原则

水厂的运营管理系统中目前仅有一部分能够通过计算机进行控制，还有部分仍然需要人工进行操作，因此，在水厂的控制系统设计上，不仅人工操作部分需要设计得便于操作，计算机控制部分的操作界面也需要设计得便于操作，以保证水厂的运行效率。

（四）供水系统扩展性原则

水厂的水质处理和水质检测部分都需要设置能够容纳扩展的系统，因为相关领域中的技术发展速度较快，扩展性差的系统需要更快的速度更新，这导致水厂水质处理系统和水质检测系统的设备、工艺更新成本相对较高，不利于水厂保持平稳盈利和扩大生产规模，提高生产经营效益。

四、水厂给排水处理技术应用优化

基于以上可以得知，供水安全问题急需解决，目前我国不断加强给排水常规处理的应用，并且在此之上，使用活性炭吸附、臭氧氧化的处理也得到了进一步的研究，部分水厂在进行水处理的时候也使用了这项工艺，最终取得良好成效。当然，有一种新兴的高效分析技术，也就是膜滤法，该工艺对于水处理有着较为良好的成效。从某种程度上来说使用微孔精滤膜能够将水中的细菌和浊度有效地去除，使用超滤膜来去除天然机物和水中的病毒，进而使得水中的阴离子、农药、消毒副产品、镁离子和钙都能使用纳滤膜进行去除。以下针对水厂给排水处理技术工艺进行创新探讨。

（一）优化给水常规工艺

我国一直使用混合、絮凝、沉淀、过滤等组成的常规水处理工艺，这种工艺在广泛的实践应用中被证实为可行的，并被世界各国所接受。该工艺虽以去除浊度为主要目的，但是随着浊度的降低，吸附于胶体颗粒的有机物也相应降低，各种微生物和病毒也能随浊度的去除而减少，从而满足用水水质的各项要求。不过该工艺仅是一种给水处理的模式，具有一定的局限性，特别是对某些特殊水质的处理能力有限，如低温低浊水、高浊度水、有机污染物过多的水等等。对常规水质的处理在供水水质标准日趋严格的情况下也变得力不从心，因此对给水常规工艺的优化处理已经成为一个重要的课题。给水常规工艺的优化处理包括加强混合、絮凝、沉淀和过滤等工艺，对各个工艺单元进行优化，并改善工艺流程，在工艺形式不变的情况下，提高各流程的处理效果从而增加处理能力。其中加强混合、絮凝、沉淀主要是指采用高效混凝剂、采用合理助凝剂等措施来提高絮凝效果；加强过滤主要是指改进滤池形式、改变滤料（如均质滤料等）、强化反冲洗等方法提高过滤效果提高出水水质；强化消毒包括控制消毒副产物等，保证供水的安全性。对常规处理工艺优化具有操作简单、技术可行等特点，适用于现有水厂的改造以及新水厂技术的应用。

（二）膜法水处理技术应用分析

此种技术作为一种创新应用的新技术其主要是能够通过膜生物反应器，如超滤膜来提高水的生物安全性。现今我国某些地方的水厂已经逐渐地开始应用膜法处理技术，其通过纳米单位的孔径滤膜进行水的过滤，对存在于水中的微生物进行截留，以此将微生物杂质滞留在滤膜的外面。此种方法能够在天然矿石、超滤技术和反渗透技术等多方面综合应用的基础上，为水中的杂质和胶体物质设置多道物理屏障，但是在以上多道屏障中，反渗透膜装置是膜法技术应用的核心。此种方法作为一种全新的技术能够有效地去除水中的有害物质，达到给排水的相关标准要求。但是，此种新型技术在实际应用的过程中，其投入的费用是非常大的，虽然此种方法的效果优良，而且其操作能够基本上实现自动化，能够避免人为操作所产生的失误，但是高投资成为此种技术扩展应用的一大障碍。在具体应用的过程其所使用的膜生物反应器能够应用钢制防腐材料进行选择，且此种新型技术在实际应用中，尤其是应用于水厂的给排水的处理中，能够有效地净化水资源且其操作也比较简单，整体的投入费用也是比较低的，操作管理也是非常方便的。

（三）快速渗滤处理技术

此种技术同样作为我国现今水厂给配水处理技术中的新技术之一，现今在我国国内进行应用，在国外的应用中还是比较少见的。快速渗滤技术在实际应用的过程中其主要指通过人工填充天然河砂，然后根据水处理的要求加入一定量的特殊填料，这样能够保证河砂中有足够的水力负荷，以此满足水的处理要求。在具体应用的过程中此种技术主要是将污水在河砂中经过人工介质和特殊填料进行微生物的过滤、吸附和不同程度的降解，以此通过其多种作用的综合来实现，保证污水的处理达到相关的要求和标准。虽然此种方法在很大程度上有了改进，同样也是传统的 RI 给排水处理系统上创新引用的结果，但是其同样是作为一种生态学处理方法进行应用的。此种方法在水厂中的应用主要是针对排水处理过程，同时能够针对水源污染和生活污水投入使用。

四、提高供水安全的水厂运行管理对策

除了以上排水处理工艺技术优化外，还应该对运行管理环节进行严格控制，以下笔者谈几点建议措施：

（一）构建供水安全管理体系

开展水厂的供水安全管理，实现责任到人，明确划分水厂工作人员的职责。采用责任制的方式，对水厂工作人员的日常工作进行监管，如果发生供水安全问题，必须严格分析产生安全问题的环节，明确岗位责任。加强供水安全培训教育，在提升水厂员工职业技能的同时，提升其安全意识，实现全员管理。水厂管理层应该对水厂的水处理环节以及相关的岗位责任进行分析，构建监管部门、水厂法人以及水厂员工的水质监管体系。

人的因素是影响水厂供水安全的关键因素，为了确保水厂安全，需要加强对人员的管理。对水厂工作人员进行培训管理，确保水厂工作人员具有责任意识、掌握水处理技术、了解供水安全相关知识。同时对水厂周边的群众展开供水安全教育，发动群众监督水源地污染，及时发现供水污染并且上报，提升他们的公共安全责任意识。针对供水安全，需要编制应急预案，对用水可能出现的风险进行分析，并且及时展开应急处理，避免风险扩大，保障供水安全。

（二）规范供水管理

加强供水运行管理，重视管网的运行维护，派人定期展开维护管理。供水管网是供水分配的主要方式，其运行情况对于水质安全具有直接影响。为了确保供水管道安全，需要妥善保管管网技术资料，对管网供水情况进行监控，并且定期维护清污，避免供水过程的二次污染。为了防止供水过程的余氯衰减，可以根据实际情况，在供水过程中二

次加氯，也可采用紫外灯消毒装置，对供水管道的水进行消毒处理，确保供水安全。对于因为储水而产生的二次污染，需要改善储水设备，以不锈钢替代老式的碳钢作为储水的主要设施，同时加强储水设施的日常管理，做好定期清理消毒，避免外部灰尘和人为污染。

（三）借力信息技术，推动供水行业转型升级

信息技术已经并将继续改变传统产业生产经营方式。城市供水行业迫切需要信息技术提供帮助，逐步实现精准感知、在线处理、智能决策和科学管理；迫切需要信息技术带动革故鼎新，为城市供水企业优化资源配置提供新平台，进而突破产业发展的瓶颈制约。推进饮用水安全保障工作，一定需要借力互联网、大数据、人工智能等新一代信息技术，不断推动信息技术与城市供水行业的深度融合，不断促进城市供水技术创新、标准创新、服务创新和管理创新，为城市供水产业转型升级提供新动能、新模式、新路径，实现城市供水行业的高质量发展。

供水安全关系到居民的身体健康，因此需要加强水厂运行管理，确保供水安全。影响供水安全的因素包括水源地、水厂处理技术以及供水管网等因素，其中某个环节出现问题可能会影响公司安全。为了确保供水安全，需要对水厂运行全过程进行有效管理。

第五节　物联网的城市水质监测管理

信息管理系统主要对各种不同类型数据信息进行分类管理，从而有目的地为人们提供指示性的指标。城市水质监测对应着不同类型的大规模数据的处理，有效的信息管理系统对数据进行科学合理管理具有重要影响。对此如何进行有效的城市水质监测信息管理系统则是关键。对此本节从硬件架构和软件架构层面来进行分析设计。

一、基于物联网的水质监测系统概述

（一）物联网基本内涵

物联网本身具有很多非常显著的特征，如不受控制的环境、移动性、物理可访问性、可信性、异构性。对此具体分析如下：

①不受控制的环境。很多事物分布在不能高度控制的环境中，事物转移到不可靠的环境中则出现监督不足的情况。②移动性。在不受控制的环境中，难以预料稳定的网络连接以及持续的在线网络环境。③物理可访问性。在物理网络中，传感器能够进行交通

控制照相机、环境传感器等公开的访问。④可信性。可推论的信任关系不适用于大型设备和用户交互。因此，测量和管理商业、服务、用户之间的信任关系的自助机构在物品的因特网上是特别重要的。⑤异构性。物联网是一个高度异质的生态系统，必须整合不同厂家的各种设备，因此版本兼容性和互操作性是必须考虑和解决的问题。

（二）水质监测系统

水质监测系统由物联网和传感器技术组成，通过多参数在线控制，实现数据信息采集到数据管理等高度集中的重要技术。根据水质监测要求，实现对获取的水样的水温、PH 值、溶氧量、浑浊度等相关指标进行量化评估及显示。在此基础上依托现有的 5G 通信技术如 M2M 通信技术结合物联网技术实现对水质情况的快速、实时、精准评估，以此达成设计要求。

二、物联网的城市水质监测管理信息系统基本架构及其工作流程

（一）关键技术组成

1.M2M 无线通信传输技术

M2M 就是指数据从一个用户终端转移到另一个用户终端，实现机器与机器之间的对话，这种方式目前在物联网领域应用较为普遍。从当前发展来看，该技术已应用在多个领域，包括智能化机器设备、通信网络以及中间结构等。智能化机器就是让机器具有一定的分析能力，进行一定领域上对人的取代。通信网络则是诸如以以太网、广域网为基础的通信网络中实现 M2M 转化。中间结构则是 M2M 网关完成在不同协议之间的转换，在通信网络和 IT 系统之间建立桥梁。

2. 云计算技术

云计算为一类参照自身需要而获取服务及资源的资源运算调配方式，并在服务与资源运用后实现低成本云资源的快速规划和回收。云计算为依托硬件组建的基本设备资源池及配套服务等，有动态伸展收缩性。

云计算系统是一类分布式重组系统，其通过强大的互联网络将分布于世界各地的资源及服务器进行重组，从而形成具有强大计算能力和数据存储能力的资源池。其主要涉及如下几个环节：①云用户端；②服务目录；③监管体系与规划用具；④资源网络；⑤服务器集群。云用户端就是基于云计算的交互式界面；服务目录则是在云端对服务的项目以列表形式展示的媒介；监管体系与规划用具的主要功能在于云用户的身份认证、判断云用户资源请求需求、规划云资源、云资源回收等；资源网络主要为按需平台负载平衡、资源动态规划提供基础支持；服务器集群主要是由大规模的服务器进行群组，通

过统一规划与经营，从而为外界提供核算和数据存储服务。

（二）基本架构

1. 硬件组成

硬件系统主要涉及集中监控设计、远程监控设计以及现场总线监控设计，具体如下：

（1）集中监控设计。该设计主要是将系统中功能模块进行有机结合，并实现各个功能块之间的优化配置，以实现最优的设计理念。集中监控设计的目的在于对工业生产中所属电气系统设备进行监控，其系统简约，易于维护，便于统一化管理。

（2）远程监控设计。远程监控是当前自动化控制系统设计的一个重要需求。传统远程监控主要依托线缆进行有限的调控，带来大量的线缆成本。依托无线通信技术能够很好地摆脱对线缆的束缚，能够在更为广度的空间距离下实现实时监控，这显然有助于降低设备运营成本。

（3）现场总线监控设计。当前基于互联网以及以太网等计算机网络，能够为工业自动化控制系统的现场总线监控提供技术支持。通过在微控制器的控制下，结合大量的输入输出设备来实现数据输入输出，而控制过程可通过 PLC 设计来实现控制时序命令的发布，从而形成有序的控制命令集，来推动整个控制过程循环往复。

2. 软件组成

软件组成主要涵盖软件数据持久层和软件服务层。具体如下：

（1）软件数据持久层设计。该层设计主要依托 Factory 模式或者抽象的 DAO Factory 模式，后者则是在不同数据库基础上进行接口端的设计。该模式的主要思路就是通过配置文件对各大数据对象进行创建，并获取应用程序数据库类型。

（2）软件服务层设计。BLL 作为整个平台服务层核心环节，其主要功能在于推动系统开发运行以及代码管理过程，这对于在 PLC 模式下开展自动化系统设计有着重要的支撑作用。服务层主要用于构建复杂架构的数据，并通过输入输出端口来实现服务实体的有序排布。

（三）信息平台设计

1. 信息管理系统设计原则

信息管理系统设计原则主要包括成本可控原则和科学合理原则，具体如下：

（1）成本可控原则分析。经济效益原则是系统设计中需要遵循的关键原则，其目的在于实现信息管理系统质量保障的前提下的成本控制，以实现节能环保处理，实现用户友好程度提升。当前信息管理系统作为提升城市水质监测信息管理和节能环保的重要技术系统，其目的除了实现保质保量的信息管理系统基本要求外，还需要实现有效的经济成本控制。

（2）科学合理原则分析。科学合理是信息管理系统质量保障的重要原则，对此就是要求在设计实现过程中，要严格按照科学合理原则设计任务，并根据相关规范和设计要求实现有效质量控制，从而保障系统设计科学有效地推进。该原则要求设计开发人员要采用科学合理的方法手段来对信息管理系统设计的全过程进行核验，并要求采用科学合理的设计方法与思路来开展相关工作，确保整个系统设计工作合规合理。

2. 信息管理系统设计

信息管理系统架构主要为：①数据传输层面。平台将传感器数据通过无线网络链路传输至数据终端，数据解析后以 TS over IP 形式汇聚于交换机，通过 FTTB 方式接入。②网络管理层面。将数据和网络管理划分与不同的 VLAN，通过对 VLAN 网络的专门管理以实现对服务器及其资源的管理。③云媒体数据层面。通过数据云及其共享资源对所在区域内的多媒体平台对接，从而获取丰富的网络数据，从而形成对不同数据信息的分类管理和归置。

三、物联网的城市水质监测管理信息系统实现

（一）系统功能

物联网的城市水质监测管理信息系统主要涵盖一个基于软件的云平台和基于硬件的自供电无线监测终端。前者主要通过云平台技术结合三层网络框架组件，而后者则包括壳体、安装件和设在所述壳体内的电源管理单元、成像单元、核心处理单元及应用处理单元。所述安装件与所述壳体相匹配；所述电源管理单元，用于在外部无供电的情况下，始终为监测终端工作进行供电；所述成像单元，用于对河湖表面垃圾情况进行实时监测并成像；所述核心处理单元设有低功耗处理系统，用于将所述成像单元存入传感器数据进行管理和存储，实现河湖漂浮垃圾的自动识别；所述应用管理单元，用于将所述核心处理单元的融合数据通过不同通讯形式发送出去。

（二）系统实施方式

监测终端作为核心部件，系统实施成为关键，对此本节结合实际，设计了一种具备多源感知融合能力的低功耗物联网终端，包括供电系统、多源感知模块、终端处理模块、无线通信模块及安装套件。供电系统包含锂电池及电源管理电路，并支持接入太阳能板及市电方式的外部供电；多源感知模块可配置接入各类数字量、模拟量的传感器数据；终端处理模块具备低功耗处理系统，可将多源感知模块接入的各类传感器进行管理、多源数据融合和存储；无线通信模块将终端处理模块的融合数据通过不同通信制式发送；

安装套件包含终端壳体和立杆、抱杆、上墙等不同安装件。

所述供电系统的电源管理电路可实现长期外部供电、间断外部供电及无外部供电情况下的自适应切换，始终保持物联网终端长期工作。依托该设备结合云平台便可有效实现一个完整链路的水质监测信息系统管理平台，通过信息监测管理是实现城市水质的实时监控的基础，为城市发展提供基础保障。

本节主要分析和设计了一种新型的城市水质监测系统，该系统主要涵盖基于云平台的信息管理系统和基于硬件设备的监测终端，在物联网技术体系下，依托传感器的数据采集，实现了完整的城市水质监测信息集成管理系统，为城市水质环境监控提供技术保障。

第十章　水资源保护研究

第一节　水资源保护制度上的困境

众所周知，水是人类生存和发展不可或缺的环境要素。但是这些年来随着我国经济的迅速发展，水资源供不应求的问题逐渐凸显。另外在我国传统的经济发展方式之下，水资源的浪费和污染问题也非常严重，在今后的很长时期内，水资源问题仍是我国发展所需要面临的重要问题之一，制约着我国经济发展和社会进步。面对水资源问题的严峻性，需要分析我国水资源保护所存在的问题，为我国的水资源保护提供新的思路，帮助缓解日益严峻的人水矛盾。

一、水资源现状及水资源问题的严峻性

（一）水资源数量供不应求

从供应上面来看，我们国家的水资源总量在世界上排名第六，但是中国人口众多，所以即使水资源总量比较大，人均含水量很低，中国人均水资源排名并不具有优势。另一方面从需求上来看，随着中国经济的迅速发展，无论是工业还是农业都要求有更大的水资源需求量，人口不断增长也为水资源带来了一定的压力。此外，随着我国水利建设和水能在利用范围、深度上不断地扩大，为后续的开发利用加大了难度。因此可见，我国现在的水资源在数量上处于供不应求的状态，可利用水资源量也已接近合理利用的上限。

（二）质量上水体污染严重

目前，我国的水质状况不容乐观，经常有大量工业废水、生活废水和农业废水排入河流，甚至危及地下水资源。此外，水污染往往从城市延伸到农村地区，从内陆延伸到海洋地区。据一组真实数据表示：全国700多条河流所组成的10万公里长度之中，有将近一半的河流长度受到污染，其中有十分之一的河流长度受到严重污染，已经失去了使用的价值，90%以上的城市水域遭受严重污染，这都将直接影响人们的生活和经济的

发展。

二、制度视角下水资源保护的困境

（一）未形成和谐统一的水资源保护法律体系

水在国民经济和社会发展中均具有重要的作用，目前水资源的法律保护受到了世界各国的重视，中国也不例外。就中国目前关于水资源的制度来说，有水的法律，如《水法》等，除法律之外，还有行政法规、地方性法规、地方政府规章、规范性文件等一系列制度，这些形成了一个水资源保护法律体系，为我国的水资源开发、利用和保护提供了一些基础性的保障。但是总体来说我们国家目前还没有形成一个全面的水资源保护法律体系，并且不仅仅是水资源内部的法律体系不完善，与水资源相关的其他法律体系也不完善。水资源作为环境中的一种因素，与其他的自然资源有着密不可分的关系，其他资源的损害与保护必然也影响着水资源的损害与保护，因此要加强水资源和其他资源相关法律之间的有机联系，在水资源法律体系的内部与外部上均形成一个和谐统一的整体。

（二）水资源保护的监督管理体制存在缺陷

虽然新《水法》的颁布对水资源保护的监督管理发挥了一定积极的作用，但还没有从根本上解决问题，我国还是没有专门的监督组织与相关立法。目前，水资源保护的监督管理是由各部门依据自身职权制定，报国务院批准。不可避免的是每个部委在制定相关计划时都会从自身利益出发考虑问题。新《水法》规定的一些相关政策，如流域管理与行政区域管理相结合的管理体制，可操作性仍然不强，在实践过程中还是会存在大量的冲突和矛盾，只有分工没有合作，各部门的权力竞争造成整体利益和长远利益的损害，特别是对流域水资源的保护，是非常不利的。

（三）排污治污相关制度尚不完善

目前，我们国家的水污染情况已经是非常普遍且严重了，但是我国的排污治污相关制度还存在有很多缺陷，需要进一步完善。就目前来看我国污水收费系统存在收费项目不完善、收费标准低等问题，污水费低于处理费用，这使得污染者宁愿支付污水费也不愿处理污水，以较低的价格购买合法的排污权是很常见的。因此，大幅提高收费标准不失为有效防治水污染的一个方法，但是提升收费标准仍应该在科学合理范围之内。同时，应尽快完善水资源税费的相关制度，以缓解日益突出的资源型缺水问题。此外，中国的污染防治专项资金还没有到位，还有改进的空间。

三、水资源保护制度的反思

（一）促进和谐统一水资源保护法律体系的形成

目前，为了人类的可持续发展，我们国家正在倡导发展循环经济，水资源作为发展循环经济中的重要一环，必须改革和完善现有水资源保护的一些内容。首先从水资源内部的法律体系来说，应该在符合当代背景和水资源实际情况的前提之下，修改《水法》和《水土保持法》，在内部形成和谐统一的水资源保护法律体系。在整个自然资源以及生态保护立法之中，应该加强水资源立法与其他资源立法的有机联系。此外，在循环经济的理念下，我们应该强调"源头控制"，节约用水，并且在相关法律和制度中体现。同时，建立和完善各行业的国家和地方节水标准体系，制定高耗、高污染行业的市场准入标准，企业和个人节约用水和重复利用污水的法律义务应当依法规范，同时明确废水的法律责任。

（二）健全水资源监督管理体制

水资源的监督与管理对于水资源的保护也是至关重要的，其相关制度也是国家水资源制度中的一项基本制度，是合理开发、利用、节约和保护水资源，防治水害，实现水资源可持续利用的组织保证。目前我们国家的水资源监督管理体制仍存在有很多不足，这导致水资源的开发利用效率未能最大化。由于水的特殊性，流域管理水资源管理和保护的一大特色，世界上各个国家也在这方面做出了一些尝试，我国可以根据我国流域水的特点和实际情况，借鉴一些国家的积极经验，完善我国流域管理体系，实现水资源的统一规划、综合决策、综合治理，提高水资源保护。同时，为进一步加强环境行政主管部门的权威性，应建立从中央到地方的纵向管辖和监督的环境管理体系，不服从地方政府的权限，同时各个管理部门之间也要加强合作。最后，执法人员的素质也要得到落实，观念也要得到提升。

（三）健全排污收费相关制度

我国污水收费制度主要包括四个方面：污水收费标准体系、污水收费资金使用政策、污水收费资金管理政策和污水收费实施能力建设。目前我们国家对排污费的征收和使用是一种比较特殊的经济政策，即成本政策，把排污费纳入经济成本，并且在实践中证明，这些政策是积极可行的，但是还不能完全发挥其效果，要想使效益最大化，充分实现"谁污染谁治理"的原则，就必须紧随时代潮流，紧贴现实情况，不断改革我国环境管理需要的市场机制，才能使我国的水资源污染管理水平得到提高，同时还应当转变我们国家的排污费收费标准，如由静态收费转换至动态收费，这对我们国家的水污染治理也将会有一定的积极作用。

综上所述，水资源是一种不可或缺的自然资源，为人类及生物的生存提供了物质基础。如今，我国水资源的严重缺乏及污染，对我国的生存和发展都造成一定的威胁，因此本节旨在指出水资源保护现有的一些问题，针对相关问题提出完善建议。水作为重要的自然资源之一，其具有的价值不言而喻，我国的水资源保护之路仍然是任重而道远。

第二节 水资源保护信息化建设

当前在信息技术快速发展的时代背景下，人类社会的经济发展也进入到了一个新的经济发展时代，信息化技术已经广泛应用到各个行业中，行业之间的竞争也日益增强，需要不断进行信息化的建设和改革，走上信息化发展的道路。水资源保护也将会成为信息化革命中的重要一部分。本节将从水资源信息化建设方面进行研究，提出相应的措施。

水资源保护信息化建设也是实现水利工程现代化建设的重要部分，加强对水资源保护信息化建设，能够有效提升水资源保护的科学决策，实现对水资源的合理利用。对于水资源保护信息化建设包括对水资源的监测、传输建设和相关决策的实施。在社会经济快速发展的时代背景下，人们的生活水平不断提升，水资源的应用不断增大，水资源的浪费严重，应用效率不高。国家也充分意识到水资源保护的重要性，强调水资源是我国基础的自然资源，需要重视对水资源的合理利用，要遵循科学发展的观念，针对水资源存在的实际情况采取相应的措施，做好保护工作。

一、水资源信息化发展的相关内容阐述

信息化也是在新的历史发展时期促进社会经济发展的重要基础，在当今信息技术竞争激烈的市场环境下，注重对信息技术的有效利用，能够促进社会经济的快速发展。在社会经济快速发展的背景下，水资源的应用量逐渐增大，导致水资源出现紧缺的情况，国家越来越重视对水资源的保护，水资源的管理工作也逐步提上日程，一个完整的水资源保护信息系统能够有效辅助水资源的管理。对于水资源的保护工作也逐渐从传统的水利保护转向现代化的水利工程发展，在遵循科学发展观的前提下，实现对水资源的有效保护，以"在保护中开发，在开发中保护"为基本宗旨，针对水资源保护工作面临的实际问题做好妥善的处理，注重抓好水资源的综合管理和专项管理，从法律法规、监督管

理、水利工程建设和信息化建设等方面开展工作，为促进水资源的合理利用和保护奠定良好的基础。

水资源保护信息化建设的内容有：水资源保护的规划、流域水生态保护、水资源的分类保护、水质污染管理、排污管理，水资源的保护涉及很多方面，水资源功能区的保护也是做好管理工作的重点。水资源保护是一项信息密集型的工作，包含的信息也是复杂多样的，有包括对水文的监测、水质的监测，还有水资源周围的环境状况监测，城镇居民生活等一些外界信息，通过对各种收集到的信息进行科学分析和处理，能够采取有效措施进行治理。对于提升水资源保护管理的水平，需要首先解决好流域内水资源保护的信息化建设，只有充分利用信息化技术，才能够有效提升水资源保护的效率，其中会应用到数据库和网络技术等的先进技术，收集相关的信息内容，利用先进技术实现对信息的收集和整理。对地理信息、数据信息和图像信息进行实时监控和分析，利用软件模拟工作环境，模拟水污染的变化趋势，能够有效地提高对流域内水资源的保护和监测，也会使监测更加科学化。

二、水资源信息化建设存在的问题分析

水资源保护利用信息技术既面临机遇，也面临很大的挑战，也会在具体实施的过程中存在很多的问题。

（1）缺乏明确的规划和发展目标，对于水资源的保护工作，信息化建设的重视程度不够，信息化建设的定位目标不清楚，对于水资源保护的规划没有确定专项的内容，在传统的水资源保护工作中，主要是做好对水质的监测，对于排污体系的管理和水功能区域的划分没有建立相应的信息化建设。

（2）信息化的基础设施比较薄弱，对于信息的采集手段相对比较落后，各种监测技术、遥感技术的应用不到位，水环境监测体系不完善，对于信息的传输缺乏一定的传输渠道，信息系统数据库之间不能够有效结合，没有形成一种完善的信息系统体系。

（3）信息化技术在水资源保护方面的应用水平比较低，虽然信息技术快速发展，但是在水资源保护方面的应用水平不高，信息化不能提高水资源保护的效率，对于信息化的建设还存在很多的问题，在建设水平、技术开发等方面还没有形成统一的体系。

三、水资源保护信息化建设的措施

在当前信息技术快速发展的时代背景下，水资源的保护需要充分应用先进的信息技术，才能够有效提升水资源保护的效率和水平，通过采用先进的现代化信息技术手段，

收集相关的水质信息，利用先进技术对信息进行自动化处理，能够实现资源的共享，对发生水质污染严重的地区做好实时监控。全面提升对水资源的保护工作，增强决策的科学性和合理性。

（一）做好合理规划工作

水资源信息化的合理规划主要是在水资源的发展战略下，为了达到预期的发展目标，做好对项目的合理规划工作，根据水资源保护管理的现状进行分析，制定出一个详细的工作流程。结合当前信息化技术在水资源保护方面的成功案例，掌握水资源信息技术的发展趋势，提出相关的战略目标，对目标和内容进行全面的规划管理，推进水资源保护发展战略目标的实现。例如，水资源保护信息化的规划管理工作需要从宏观规划管理、水功能区管理、监督管理系统和决策支持系统等方面做好规划管理，注重水资源保护信息化建设的总体发展方向，为以后的设计实施工作奠定一定的基础。

（二）加强对重点水资源区域的管理

对于水资源信息化的建设，也需要抓住对重点区域的水资源管理，在进行科学规划和统筹安排的基础上，需要围绕重点区域的水资源管理。例如，在三峡建立了一个自动监测实验站，三峡水质自动监测实验站是水利系统设置的第一个监控水质的实验站，这个试验站的核心仪器是自动分析仪器，能够实现对水质的自动监测，进行远程监控和传输等，也就形成了一个统一化的自动监测体系，能够加大对水质污染的监测，为水资源的保护提供一定的资料和依据。各种监测仪器都是按照不同的单元进行分类，会按照日、周、季度、年的统计报告进行分析，能够实现对数据的远程监控，对水质的变化情况做出预警报告。

（三）水资源保护监督系统的建设

对于水资源的保护，需要建立相关的监督系统实现实时监控，其中使用到的全球地理信息系统能够打破传统的思维定式，通过高清晰度的遥感图像和空间信息实现对水资源的监控，为流域内水资源的保护提供一定的技术手段，其中使用到的地图检索功能，能够快速检索出长江干流的排污口和水功能区的一些信息，通过实时监测，实现对水资源的保护。例如，在长江流域的水资源保护区内，通过模拟预测技术对长江周围的一些江段进行模拟预测，在各种技术研究方面的不断成熟，也为水污染应急管理建设起到关键性的技术保障，其中主要应用到 GIS、RS 等的网络技术，实现三维模拟和虚拟仿真模拟等高新技术。在三维系统中实现仿真模拟，能够提供实时监测数据，为研究工作奠定一定的基础，为一些方案的制定提供数据支持。

综上所述，水资源的保护是当前国家十分重视的一项内容，水资源的保护也是保护基础的自然资源。通过利用先进的信息技术手段提升对水资源保护的效率水平，建立完善的水资源保护信息系统，做好对各功能区的监控，保证信息化建设的有序开展，利用遥感技术、GIS 技术实现全方位的监督和管理。

第三节　城市污水治理及水资源保护

随着我国社会加速发展和工业化深度推进，工业废水未经处理直接超标排放，不经处理就直接进入水体，造成污染。对水污染的治理是保护环境先决条件，对改善民生及城市生活环境质量有着重要意义。本节通过分析水资源现状，提出了污水处理方法和城市环境保护措施，供读者参考。

虽然地球有着丰富水资源储备，地表超过 70% 被水覆盖，但淡水资源占整体不到3%。随着我国社会加速发展和工业化深度推进，工业废水未经处理直接超标排放，城市化进程中城市污水排放及集中处理污水设施缺失，导致许多生活污水不经处理直接就进入水体造成污染。随着近几年国家重拳出击，工业废水直排现象减少，但城市生活污水不降反增，成为水污染中的一大"公害"。

一、城市污水治理措施

（一）污水处理标准

城市污水中固体物质占万分之三到万分之六。城市污水相关处理工艺普遍依据污水排放或利用率来考虑水体自身净化能力，然后确定对城市污水的处理力度和结合相对应污水处理工艺。

（二）城市污水资源化

努力实现水资源循环再利用。城市污水再利用可减少城市对天然淡水资源需求，削减城市污染负荷，城市污水资源化是维持水循环的重要举措，经利用处理后可用于农业灌溉，工业用水，市政用水及中水工程，地下水回灌甚至直饮水。

（三）产业化污水处理

大力发展环保自控设备及技术，是提升我国环境保护及管理水平的最根本保障。水污染处理技术涉及很多相关污水处理技术：工程设计，技术研究及开发，工程有效实施，运营管理问题及设备加工等。污水处理工艺、处理技术需符合我国国情，要保证低损耗、高效率及低廉成本。

（四）污水治理方法

1.生物膜法

生物膜方法主要用于去除污染物中有胶状有机污染物。生物膜是由原生动物、高密集度菌群和藻类等生物形成的生态系统，所依附的固体物介质被称为载体或滤料，生物膜自滤料从内向外可分成厌气层、好气层、附着水层、运动水层。生物膜的方法原理为：首先生物膜像活性炭一样吸附依附在水层的有机物，其次让好气层内的好气细菌将它分解，在厌气层内进行厌气分解，最后进入流动水层，流动水可把老化的生物膜冲刷掉再长出新生物膜，经过长期不断老化及生长循环可净化污水。但生物膜法也有投资较高，单位内处理效率低等缺点。

2.活性污泥法

活性污泥方法在进行城市污水处理中使用广泛，有非常高的污水处理能力，处理过的水质较好，由晾气池、沉淀池、污泥回流池及剩余污泥排放系统构成。首先，回流来的活性污泥及废水共同流入曝气池得到混合液，然后再通过曝气设备往里充入适量空气，空气中氧气溶入混合液中发生好氧代谢反应，混合液在充分搅拌后呈悬浮状态，这样在废水中，微生物就会和有机物及氧气充分接触反应，随之混合液流入沉淀池中，混合液中悬浮的固体会在沉淀池中沉到池底且与水分离，最后从沉淀池流出的便是净化过的水。沉淀池中会回流大部分污泥，这就是回流污泥，回流污泥可使曝气池内悬浮的固体浓度不会大幅波动，也就是微生物浓度不变。活性污泥不仅可以氧化并且把有机物分解，还拥有很好的凝聚及沉降性能，可从混合液中沉淀分离得到干净的出水。但是此方法基础建设资金较大，所以存在局限性。

二、城市水环境保护措施

（一）加强水资源保护及污水处理宣传

加大水资源保护和污水处理宣传力度，让每一个公民了解水资源的重要性，形成保护环境人人有责的良好意识，加入水资源环境保护工作中，养成日常节约用水的好习惯。

（二）统一规划规范城市污水管网建设

城市管网系统建设不仅施工难度大且复杂，特别是在地下管道网络分布密集区域及老城区。为让城市污水管网系统形成一个整体，必须对整个管道网络系统进行合理安排和统一规划。城市管道网路要根据城市特点科学规划设计，这是惠及后代的复杂工程，在规划时要具备前瞻性，还要将管道网络系统中不同作用之间的管道细致分类，保证作用不相同管道既可相互配合又互不干扰。

（三）合理地进行开发利用

水资源开发包括地表水及地下水资源开发利用。进行地下水开采时，因各含水层水质差异较大，所以应进行分层开采；不能一起混合开采承压水和已经被污染了的潜水；立即停止乱采乱挖，避免对植被造成严重破坏。

（四）预防水资源污染，实现水资源再利用

加强对生产污水及废水进行有效防治。工厂生产中产生的工业废气、垃圾、废水，人们日常中的生活垃圾及污水都会让水资源受到污染。长久下去，这些污水就会给人类生活、生产带来不好的影响。

虽然我国城市污水治理工作存在许多问题，治理过程中也有很多困难，但也不能放弃对城市污水治理。保护水资源需要有关环境保护部门不断探索，加倍付出努力，同时也需要社会上各界人士积极参与，使环境保护意识深入人心，那才是最高效的环境治理措施。

第四节　水资源保护的监督管理

水资源是人类赖以生存的关键所在，当前世界范围内都面临着水资源匮乏的问题，同时水资源污染和生态恶化现象也比较明显。对此，一定要做好必要的水资源保护监督管理措施。基于此，对水资源保护监督管理的相关内容进行分析，希望能为水资源保护工作的开展提供更多有益的参考。

我国是一个严重缺水的国家，人均水资源处于一个较低的水平。当前阶段，在社会发展环境下一定要对开展水资源保护监督管理工作更加重视，从而减少水资源短缺的影响，为社会的和谐发展提供保障。目前，国家关于水资源保护制定了一系列的法规，初步形成了法规体系，但黄河流域的水资源保护具有一些特殊性。因此，流域水资源保护需要一些针对性强的法规。基于此，笔者将对水资源保护监督管理的相关内容进行详细的讨论和分析。

一、建立完善的水资源管理体系

水资源保护机构主要分为水资源保护管理机构和监督执法机构两个重要的组成部分。与水资源的综合管理工作不同，水资源的监管工作不仅要掌握相关的法律法规，同时也要更好地全面监控水域断面以及水质等情况，并进行有效分析，看其是否能够达标。

对此，需要有一个高素质和高能力的专业团队作为基础来开展工作，从而促使水源能够实现河流应用。此外，还需要进一步的完善水资源管理体系，在中央、流域以及地方综合性地开展水资源保护工作，并且要设置好相应的管理机构，加强地区管理工作，从而为开展水资源的保护工作奠定基础。

二、提高全面保护水资源的意识

水资源保护工作是监测、研究、监督、管理等工作的总和，其目的是提高水资源的可利用性，促进其可持续发展。因而，需要积极地对水资源面积实施保护、维持、改善和恢复水资源面积，使水资源得到充分利用。水利部门应统筹考虑现有的水资源，制定相关法律法规，使水资源的开发、利用、节约、保护都有法可依。水资源保护不仅要高效地节约用水，还要防治水土流失、水资源污染、海水入侵等。此外，还需严格限制地下水的开采，防止因过度开采而降低水资源的可持续利用率。提高全面保护水资源的意识，做到水资源开发合理、利用科学、节约得当、保护全面，从而提高水资源的利用率，使其在经济发展中充分发挥作用。

三、加强相关部门的监察力度

当前阶段，应在水功能区积极开展日常性的监督和检查工作，严格取缔非法性的排污口设置，并对其进行处罚。同时每年都进行一次入河排污口的年审工作，保证其能够合理排污，严肃处理入河排污口随意设置位置和随意采取排污方式等问题，从而保障水资源保护的有效性。

四、加强信息管理工作建设

现阶段，应以流域为单元，建立起开放性的水功能区信息管理系统。在该系统中，应包含相关的政策和法律法规、举报的渠道和相关的行政审批等信息等内容，同时应将重点放在政策法规信息和重大的违法行为事件举报上，并且要建立起关于违法排污的企业黑名单曝光制度，这样不仅能够起到监督的作用，也能产生一定的警示性效果，让违法的企业能够彻底地曝光在公众的监督下。一旦发生了一些大型的企业违法排污现象，那么所产生的警示效果将远远地超过行政处罚的效果，对于水资源的管理具有重要的意义和价值。

五、强化水资源保护的法制建设

在各流域中，要将法律规定放在重要的位置上，以此作为基础来开展各项工作。对此，首先要根据《水法》和《水功能区管理法》要求来进行法制建设，结合本流域的实际情况从而制定出更加适合流域管理的准则和规定，从而达到对流域水功能区的全面监督效果。同时，还需要重新组织修订《取水许可制度实施办法》和《建设项目水资源认证管理办法》，结合流域情况和社会发展基础情况等来进行合理的调整，从而实现合理用水，严格控制排污行为，为水资源的进一步管理提供基础保障。

六、完善相关评价体系

在工作开展中会出现利用污染源统计的各种数据内容，但如果在区域范围内已经出现了重大的污染现象，那么其他的污染源也将全部超标，这种方式下对于水域的整体污染情况了解是不够明确的，因此还需要适当调整统计方法。对此，在实际工作当中需要综合性地结合考核指标体系与水污染保护状态，考核标准应当以水功能区排放总量的完成情况和水域水质量管理目标的达标率作为根本依据，这种方式能让水资源的合理管理和经济发展之间达到有效统一，对于社会的未来发展也具有重要意义。

参考文献

[1] 孔令敏．水资源管理中问题及应对措施分析 [J]. 现代商贸工业，2014(22).

[2] 吴书悦，杨阳，黄显峰．水资源管理"三条红线"控制指标体系研究 [J]. 水资源保护，2014(5).

[3] 李世强，王颖．基于中国水资源管理制度的分析 [J]. 黑龙江水利科技，2014(8).

[4] 孙步军．连云港市水资源供需现状研究 [J]. 水利发展研究，2014(8).

[5] 刘云奇，张传奇．我国当前水资源管理现状思考 [J]. 科技创新与应用.2017(24).

[6] 陆世锋．我国水资源管理现状及对策 [J]. 农民致富之友，2014(22).

[7] 赵建宗，张鹏，解长玉．诸城市水资源管理现状及对策 [J]. 山东水利，2016(Z1).

[8] 朱艳．中国水资源管理现状及对农业的影响 [J]. 农业工程技术，2016(26).

[9] 杨宇，谈娟娟．水利大数据建设思路探讨 [J]. 水利信息化，2018(2)：26-30+35.

[10] 董阮建，冯玉明，白雪．大数据背景下水数据处理的研究 [J]. 农家参谋，2017(24)：229.

[11] 陈军飞，邓梦华，王慧敏．水利大数据研究综述 [J]. 水科学进展，2017，28(4)：622-631.

[12] 才庆欣．节水型社会体制与机制建设初探 [J]. 水资源开发与管理，2017(2)：57-59.

[13] 何忠奎，盖红波．水资源管理制度关键就是支持探析 [J]. 水资源开发与管理，2017(2)：13-15.

[14] 陈雷．新时期治水兴水的科学指南 [J]. 求是，2014(15)：47-49.

[15] 陈红卫，陈蓉．完善我国流域水资源管理的对策思考 [J]. 人民长江，2013，44(S1)：44-48.

[16] 陈桐珂．水资源管理理念演化与管理模式的研究 [J]. 建材与装饰，2018(39)：291-292.

[17] 杨晴，张建永，邱冰，等．关于生态水利工程的若干思考 [J]. 中国水利，2018(17)：1-5.

[18] 韦振锋. 水资源开发利用中的生态环境保护对策 [J]. 智富时代，2018(9)：149.

[19] 王咏铃，等. 基于水资源合理配置的地下水开发利用研究 [J]. 人民黄河，2017(9).

[20] 艾比巴木. 塔依甫. 水资源节约保护及优化配置路径 [J]. 水能经济，2018(3).